"十四五"职业教育国家规划教材

"十三五"职业教育国家规划教材
"十二五"职业教育国家规划教材
经全国职业教育教材审定委员会审定

电工电子技术与技能

第3版

主　编　坚葆林
参　编　蒲永卓　杨　义　李　敏

机械工业出版社
CHINA MACHINE PRESS

本书是"十二五"职业教育国家规划教材的修订版,参考电工职业资格标准,在第 2 版的基础上根据高等职业学校专业教学标准、电工职业资格标准和学生未来岗位能力要求修订而成。

本书主要介绍电工电子技术基础的理论知识,以及与生产生活密切相关的基本技能。内容包括认识电工电子实训室与安全用电;直流电路;电容与电感;磁场及电磁感应;单相正弦交流电路;三相正弦交流电路;用电技术;常用电器;三相异步电动机及其控制;常用半导体器件;整流、滤波及稳压电路;放大电路与集成运算放大器;数字电子技术基础;组合逻辑电路与时序逻辑电路;数-模和模-数转换器,共计 15 章。

本书可作为高等职业院校机电一体化技术、工业机器人技术、智能制造装备技术等专业教材,也可供生产、管理及其他技术人员参考。

为便于教学,本书配套电子课件、电子教案、习题及答案等教学资源,选择本书作为授课教材的教师可来电（010-88379195）索取,或登录 www.cmpedu.com 网站,注册、免费下载。

图书在版编目（CIP）数据

电工电子技术与技能/坚葆林主编. —3 版. —北京：机械工业出版社，2019.9（2023.8 重印）

"十二五"职业教育国家规划教材 经全国职业教育教材审定委员会审定

ISBN 978-7-111-63910-7

Ⅰ.①电… Ⅱ.①坚… Ⅲ.①电工技术-高等职业教育-教材②电子技术-高等职业教育-教材 Ⅳ.①TM②TN

中国版本图书馆 CIP 数据核字（2019）第 214610 号

机械工业出版社（北京市百万庄大街 22 号　邮政编码 100037）
策划编辑：赵红梅　责任编辑：赵红梅　高亚云
责任校对：陈　越　封面设计：张　静
责任印制：任维东
北京圣夫亚美印刷有限公司印刷
2023 年 8 月第 3 版第 12 次印刷
184mm×260mm・15.25 印张・378 千字
标准书号：ISBN 978-7-111-63910-7
定价：49.00 元

电话服务	网络服务
客服电话：010-88361066	机　工　官　网：www.cmpbook.com
010-88379833	机　工　官　博：weibo.com/cmp1952
010-68326294	金　书　网：www.golden-book.com
封底无防伪标均为盗版	机工教育服务网：www.cmpedu.com

关于"十四五"职业教育
国家规划教材的出版说明

为贯彻落实《中共中央关于认真学习宣传贯彻党的二十大精神的决定》《习近平新时代中国特色社会主义思想进课程教材指南》《职业院校教材管理办法》等文件精神,机械工业出版社与教材编写团队一道,认真执行思政内容进教材、进课堂、进头脑要求,尊重教育规律,遵循学科特点,对教材内容进行了更新,着力落实以下要求:

1. 提升教材铸魂育人功能,培育、践行社会主义核心价值观,教育引导学生树立共产主义远大理想和中国特色社会主义共同理想,坚定"四个自信",厚植爱国主义情怀,把爱国情、强国志、报国行自觉融入建设社会主义现代化强国、实现中华民族伟大复兴的奋斗之中。同时,弘扬中华优秀传统文化,深入开展宪法法治教育。

2. 注重科学思维方法训练和科学伦理教育,培养学生探索未知、追求真理、勇攀科学高峰的责任感和使命感;强化学生工程伦理教育,培养学生精益求精的大国工匠精神,激发学生科技报国的家国情怀和使命担当。加快构建中国特色哲学社会科学学科体系、学术体系、话语体系。帮助学生了解相关专业和行业领域的国家战略、法律法规和相关政策,引导学生深入社会实践、关注现实问题,培育学生经世济民、诚信服务、德法兼修的职业素养。

3. 教育引导学生深刻理解并自觉实践各行业的职业精神、职业规范,增强职业责任感,培养遵纪守法、爱岗敬业、无私奉献、诚实守信、公道办事、开拓创新的职业品格和行为习惯。

在此基础上,及时更新教材知识内容,体现产业发展的新技术、新工艺、新规范、新标准。加强教材数字化建设,丰富配套资源,形成可听、可视、可练、可互动的融媒体教材。

教材建设需要各方的共同努力,也欢迎相关教材使用院校的师生及时反馈意见和建议,我们将认真组织力量进行研究,在后续重印及再版时吸纳改进,不断推动高质量教材出版。

机械工业出版社

前 言

《电工电子技术与技能 第2版》是按照教育部《关于开展"十二五"职业教育国家规划教材选题立项工作的通知》，经过出版社初评、申报，由教育部专家组评审确定的"十二五"职业教育国家规划教材。本书是在其基础上根据《国家职业教育改革实施方案》指导精神及教育部颁布的《高等职业学校专业教学标准》，同时参考电工职业资格标准修订而成的。

本书主要介绍电工电子技术基础的理论知识，以及与生产生活密切相关的基本技能。本书重点强调培养学生的岗位就业能力、创新能力，编写过程中力求体现理论与实践一体化以及边讲边学边练的特色。本书在内容上主要有以下特点：

1. 图文并茂、通俗易懂。通过精心设计，以活泼的版面形式激发学生的学习兴趣，增强教学的直观性，有利于培养学生的观察力和创造力，以及探究新知识的欲望。

2. 思考与练习内容丰富、形式多样。不是基础知识的简单堆砌，而是精心巧妙的组装，这种将理论知识和实践应用相结合的组装，有利于形成学生主动学习、互相交流探讨的课程实施环境。

3. 密切联系生产和生活，体现"课程思政"。举例和练习多选用生产与生活中具有典型性、普遍性、前沿性的电气元器件及电子产品，既能加深学生对基础知识和技能的理解与应用，又能加强学生对新技术、新产品与新工艺的掌握。

4. 配有完备的立体化教学资源。本书配有动画视频（以二维码清单形式提供给读者）、多媒体课件、电子教案、课后思考与练习答案和用于学生学习成果检测的考试试卷等教学资源，极大地方便了教师教学和学生自学。

5. 立德树人、加强素养。以课程教学为中心，通过小知识、话题引入等知识模块让学生了解科技领域发展成就，激发学生学习科学知识的热情，提升学生认知能力和创新能力。

全书共15章，由甘肃机电职业技术学院坚葆林主编。具体分工如下：坚葆林编写第1、2、3、4、10、11、15章，甘肃机电职业技术学院蒲永卓编写第5、6、7、8章，甘肃平凉信息工程学校杨义编写第12、13、14章，甘肃机电职业技术学院李敏编写第9章。

书中打"＊"号为选学内容，可根据教学需要进行选学。

本书编写过程中，编者参阅了国内外出版的有关教材和资料，得到了领导和专家的有益指导，在此一并表示衷心感谢！

由于编者水平有限，书中不妥之处在所难免，恳请读者批评指正。

编　者

二维码清单

名称	图形	名称	图形	名称	图形
PN结的形成		二极管检测		逻辑门电路的实验	
晶体（三极）管的作用		变压器的磁路		共发射极放大电路仿真分析	
发光二极管的发光原理		基本放大电路的组成		万用表的使用方法	
基尔霍夫定律实验		开关通断判断方法		绝缘电阻表的使用	
常用电工工具		欧姆定律验证		常用低压电器	
微变等效电路画法		电容与电感负载并联来提高功率因数		三相异步电动机点动、长动、正反转、星-三角减压起动的动画	
正弦交流电的周期变化		电路状态测试		三相异步电动机的结构	
电容特性测试		电阻连接方式测量		时序逻辑电路的分析和设计方法	
电阻的并联		电磁感应现象		晶体管的检测方法	
触电的急救		电路中的电功与电功率			
Q点与波形失真		电动机的正反转控制			

目 录

前言

二维码清单

第1章　认识电工电子实训室与安全用电 …… 1
1.1　认识电工实训室 …………………… 1
1.1.1　电工实训室简介 ……………… 1
1.1.2　常用电工工具 ………………… 2
1.1.3　常用电工仪表 ………………… 5
1.2　认识电子实训室 …………………… 6
1.2.1　电子实训室简介 ……………… 6
1.2.2　焊接与拆焊技术 ……………… 7
1.2.3　常用电子仪器 ………………… 11
1.3　安全用电常识 ……………………… 12
1.3.1　生活中的安全用电 …………… 12
1.3.2　人体触电及急救 ……………… 12
1.3.3　电气火灾的防范与扑救常识 …… 15
技能训练 ……………………………… 16
技能训练指导1-1　口对口人工
呼吸法 ……… 16
技能训练指导1-2　胸外心脏按压法 …… 17
技能训练指导1-3　万能实验板 ………… 18
技能训练指导1-4　电烙铁的使用及焊接
要求 ……………… 18
技能训练项目1-1　心肺复苏施救
练习 ……………… 19
技能训练项目1-2　手工焊接与拆焊 …… 20
思考与练习 …………………………… 23

第2章　直流电路 ………………………… 24
2.1　电路 ………………………………… 24
2.1.1　电路的组成 …………………… 24
2.1.2　电路的状态 …………………… 25
2.1.3　电路图 ………………………… 26
2.1.4　电路的功能 …………………… 27
2.2　电路中的常用物理量 ……………… 28
2.2.1　电流 …………………………… 28
2.2.2　电压、电位和电动势 ………… 29
2.2.3　电功和电功率 ………………… 31
2.2.4　负载获得最大功率的条件 …… 32
2.3　电阻元件与欧姆定律 ……………… 33
2.3.1　电阻 …………………………… 33
2.3.2　电阻器 ………………………… 34
2.3.3　欧姆定律 ……………………… 35
2.4　电阻的连接 ………………………… 36
2.4.1　串联 …………………………… 36
2.4.2　并联 …………………………… 37
2.4.3　混联 …………………………… 37
2.5　电源模型及其相互变换 …………… 38
2.5.1　电压源 ………………………… 39
2.5.2　电流源 ………………………… 39
2.5.3　两种实际电源模型之间的等效
变换 …………………………… 39
2.6　基尔霍夫定律 ……………………… 40
2.6.1　基尔霍夫电流定律 …………… 41
2.6.2　基尔霍夫电压定律 …………… 41
2.6.3　基尔霍夫定律的应用 ………… 42
2.7　叠加定理 …………………………… 43
2.7.1　叠加定理有关概念 …………… 43
2.7.2　叠加定理的应用 ……………… 43
2.8　戴维南定理 ………………………… 45
2.8.1　二端网络的有关概念 ………… 45
2.8.2　戴维南定理的内容 …………… 45
技能训练 ……………………………… 46

技能训练指导 2-1　数字万用表的
　　　　　　　　　　使用 …………… 46
　　技能训练指导 2-2　电阻器的阻值
　　　　　　　　　　标注法 ………… 47
　　技能训练项目 2-1　使用万用表测量电流、
　　　　　　　　　　电压、电位和
　　　　　　　　　　电阻 …………… 48
　思考与练习…………………………………… 51

第3章　电容与电感 ……………………… 52
　3.1　电容与电容器 …………………………… 52
　　3.1.1　电容器 ……………………………… 52
　　3.1.2　电容的概念 ………………………… 53
　　3.1.3　电容器的分类 ……………………… 53
　　3.1.4　电容器的主要参数 ………………… 54
　3.2　电感与电感器 …………………………… 54
　　3.2.1　电感的概念 ………………………… 55
　　3.2.2　电感器的分类 ……………………… 55
　　3.2.3　电感器的主要参数 ………………… 55
　技能训练 …………………………………… 56
　　技能训练指导 3-1　电容器的容量标注
　　　　　　　　　　方法 …………… 56
　　技能训练指导 3-2　电容器、电感器的
　　　　　　　　　　检测方法 ……… 56
　　技能训练项目 3-1　电容器、电感器的
　　　　　　　　　　识别与检测 …… 57
　思考与练习…………………………………… 59

*第4章　磁场及电磁感应 ………………… 61
　4.1　磁场 ……………………………………… 61
　　4.1.1　磁场的基本概念 …………………… 61
　　4.1.2　电流的磁场 ………………………… 63
　　4.1.3　载流导线在磁场中所受的力 ……… 64
　4.2　电磁感应 ………………………………… 65
　　4.2.1　电磁感应现象 ……………………… 65
　　4.2.2　感应电流的方向 …………………… 66
　　4.2.3　电磁感应定律 ……………………… 66
　思考与练习…………………………………… 67

第5章　单相正弦交流电路 ……………… 68
　5.1　正弦交流电的基本概念 ………………… 68

　　5.1.1　正弦交流电的产生 ………………… 68
　　5.1.2　表征正弦交流电的物理量 ………… 69
　　5.1.3　正弦交流电的表示方法 …………… 71
　5.2　单一元件的交流电路 …………………… 72
　　5.2.1　纯电阻电路 ………………………… 72
　　5.2.2　纯电容电路 ………………………… 73
　　5.2.3　纯电感电路 ………………………… 74
　5.3　串联元件的交流电路 …………………… 75
　　5.3.1　RL 串联电路电流与电压的
　　　　　关系 ………………………………… 75
　　5.3.2　RL 串联电路的阻抗 ……………… 76
　5.4　多参数组合的正弦交流电路 …………… 77
　　5.4.1　RLC 串联电路 ……………………… 77
　　5.4.2　RLC 并联电路 ……………………… 79
　5.5　交流电路的功率 ………………………… 81
　　5.5.1　电路的功率 ………………………… 81
　　5.5.2　电路的功率因数 …………………… 82
　　5.5.3　提高功率因数的方法 ……………… 82
　技能训练 …………………………………… 83
　　技能训练指导 5-1　单相电能表 ………… 83
　　技能训练项目 5-1　照明电路配电板的
　　　　　　　　　　安装 …………… 83
　思考与练习…………………………………… 85

第6章　三相正弦交流电路 ……………… 86
　6.1　三相正弦交流电源 ……………………… 86
　　6.1.1　三相正弦交流电的产生 …………… 86
　　6.1.2　三相正弦交流电的供电方式 ……… 88
　*6.2　三相负载的连接方式 …………………… 89
　　6.2.1　三相负载的星形联结 ……………… 90
　　6.2.2　三相负载的三角形联结 …………… 91
　6.3　三相电路的功率 ………………………… 91
　技能训练 …………………………………… 92
　　技能训练项目 6-1　三相负载的星形
　　　　　　　　　　联结 …………… 92
　思考与练习…………………………………… 93

第7章　用电技术 ………………………… 95
　7.1　电力供电与节约用电 …………………… 95
　　7.1.1　电力系统概述 ……………………… 95
　　7.1.2　电力供电的主要方式 ……………… 98

7.1.3 节约用电 …… 99
7.2 用电保护 …… 100
  7.2.1 保护接地 …… 100
  7.2.2 剩余电流保护 …… 101
思考与练习 …… 102

第8章 常用电器 …… 103
8.1 照明灯具 …… 103
  8.1.1 常用照明灯具 …… 103
  8.1.2 新型电光源 …… 106
8.2 变压器 …… 109
  8.2.1 变压器概述 …… 109
  8.2.2 变压器的基本结构 …… 109
  8.2.3 单相变压器的基本工作原理 …… 110
  8.2.4 变压器的参数 …… 112
8.3 常见变压器 …… 113
  8.3.1 三相电力变压器 …… 113
  8.3.2 自耦变压器 …… 114
  8.3.3 仪用互感器 …… 114
  8.3.4 电焊变压器 …… 115
8.4 常用低压电器 …… 116
  8.4.1 熔断器 …… 116
  8.4.2 电源开关 …… 117
  8.4.3 交流接触器 …… 118
  8.4.4 主令电器 …… 118
  8.4.5 继电器 …… 120
*技能训练 …… 122
  技能训练指导 8-1 绝缘电阻表的使用 …… 122
  技能训练指导 8-2 钳形电流表的使用 …… 123
思考与练习 …… 124

第9章 三相异步电动机及其控制 …… 125
9.1 三相异步电动机 …… 125
  9.1.1 三相笼型异步电动机的结构 …… 125
  9.1.2 三相笼型异步电动机的工作原理 …… 126
  9.1.3 三相笼型异步电动机的参数 …… 128
9.2 三相异步电动机的单向运转控制 …… 129
  9.2.1 直接起动控制电路 …… 129
  9.2.2 点动运行控制电路 …… 130
  9.2.3 连续运行控制电路 …… 130
  9.2.4 电动机的过载保护电路 …… 131
  9.2.5 多地控制 …… 132
9.3 三相异步电动机的正反转运行控制 …… 132
技能训练 …… 135
  技能训练指导 9-1 网孔板 …… 135
  技能训练项目 9-1 三相异步电动机点动、连续及正反转运行控制电路的配线及安装 …… 135
  技能训练项目 9-2 三相异步电动机测试及试运行 …… 137
思考与练习 …… 139

第10章 常用半导体器件 …… 140
10.1 半导体的基本知识 …… 140
  10.1.1 半导体的基本概念 …… 140
  10.1.2 PN结及单向导电性 …… 141
10.2 半导体二极管 …… 141
  10.2.1 二极管的基本特征与分类 …… 141
  10.2.2 二极管的特性 …… 142
  10.2.3 二极管的主要参数 …… 143
  10.2.4 特殊二极管 …… 144
10.3 晶体管 …… 145
  10.3.1 晶体管的基本特征与分类 …… 145
  10.3.2 晶体管的电流放大作用 …… 146
  10.3.3 晶体管的特性 …… 147
  10.3.4 晶体管的主要参数 …… 149
10.4 场效应晶体管 …… 150
  10.4.1 场效应晶体管的基本特性 …… 150
  10.4.2 结型场效应晶体管的结构和工作原理 …… 150
  10.4.3 场效应晶体管与晶体管的比较 …… 151
10.5 晶闸管 …… 152
  10.5.1 单向晶闸管的基本特征 …… 152
  10.5.2 单向晶闸管的特性 …… 152
  10.5.3 双向晶闸管 …… 153

技能训练 ································ 154
　　　技能训练指导10-1　二极管的检测
　　　　　　　　　　　　方法 ··············· 154
　　　技能训练指导10-2　晶体管的检测
　　　　　　　　　　　　方法 ··············· 155
　　　技能训练项目10-1　常用半导体器件的
　　　　　　　　　　　　识别与检测 ········ 156
　　思考与练习 ···································· 157

第11章　整流、滤波及稳压电路 ········ 159
　　11.1　整流电路 ································ 159
　　　11.1.1　单相桥式整流电路的结构 ······ 159
　　　11.1.2　单相桥式整流电路的工作
　　　　　　　原理 ································ 160
　　11.2　滤波电路 ································ 162
　　　11.2.1　电容滤波电路 ···················· 162
　　　11.2.2　电感滤波电路 ···················· 163
　　　11.2.3　复式滤波电路 ···················· 163
　　*11.3　稳压电路 ································ 164
　　　11.3.1　并联稳压电路 ···················· 164
　　　11.3.2　集成稳压器 ······················· 164
　　技能训练 ·· 165
　　　技能训练指导11-1　示波器的使用 ····· 165
　　　技能训练项目11-1　直流稳压电源的
　　　　　　　　　　　　安装与调试 ········ 166
　　思考与练习 ···································· 170

第12章　放大电路与集成运算放大器 ···· 171
　　12.1　基本放大电路的概念及工作
　　　　　原理 ····································· 171
　　　12.1.1　基本放大电路的基本概念 ······ 171
　　　12.1.2　基本共发射极放大电路的
　　　　　　　结构 ································ 171
　　　12.1.3　共射放大电路的静态分析 ······ 173
　　　*12.1.4　共射放大电路的动态
　　　　　　　分析 ································ 173
　　　12.1.5　放大电路的主要性能指标 ······ 174
　　　*12.1.6　分压式偏置放大电路 ··········· 175
　　12.2　多级放大电路 ·························· 175
　　　12.2.1　多级放大电路的耦合方式 ······ 176
　　　12.2.2　多级放大电路的主要参数 ······ 176

　　12.3　功率放大器和差动放大
　　　　　电路 ····································· 176
　　　12.3.1　功率放大器 ······················· 177
　　　12.3.2　差动放大电路 ···················· 178
　　12.4　负反馈放大电路 ······················· 179
　　　12.4.1　负反馈的基本概念 ··············· 180
　　　12.4.2　反馈类型的判断 ················· 180
　　　12.4.3　负反馈对放大电路性能的
　　　　　　　影响 ································ 180
　　　12.4.4　负反馈放大电路应用的几个
　　　　　　　问题 ································ 181
　　12.5　集成运算放大器 ······················· 182
　　　12.5.1　集成运算放大器的基本
　　　　　　　特征 ································ 182
　　　12.5.2　集成运算放大器的主要参数及
　　　　　　　理想特性 ························· 183
　　　12.5.3　集成运算放大器的应用电路 ··· 183
　　技能训练 ·· 185
　　　技能训练指导12-1　函数信号发生器的
　　　　　　　　　　　　使用 ················ 185
　　　技能训练指导12-2　数字毫伏表的
　　　　　　　　　　　　使用 ················ 186
　　　技能训练项目12-1　分压式偏置放大电路
　　　　　　　　　　　　的安装与测试 ····· 186
　　思考与练习 ···································· 189

第13章　数字电子技术基础 ··············· 191
　　13.1　数字电路基础知识 ···················· 191
　　　13.1.1　模拟信号与数字信号 ··········· 191
　　　13.1.2　数制 ································ 192
　　　13.1.3　BCD码 ··························· 194
　　13.2　逻辑门电路 ······························ 194
　　　13.2.1　基本逻辑门 ······················· 195
　　　13.2.2　复合逻辑门 ······················· 197
　　　13.2.3　集成门电路 ······················· 198
　　　13.2.4　逻辑函数及其化简 ·············· 200
　　技能训练 ·· 201
　　　技能训练指导13-1　数字电路实验箱 ··· 201
　　　技能训练项目13-1　常用集成门电路逻
　　　　　　　　　　　　辑功能的测试 ····· 202
　　思考与练习 ···································· 205

第14章 组合逻辑电路与时序逻辑电路 … 206
- 14.1 组合逻辑电路概述 …… 206
- 14.2 编码器 …………… 209
- 14.3 译码器 …………… 211
  - 14.3.1 二进制译码器 …… 211
  - 14.3.2 显示译码器 ……… 211
- 14.4 触发器 …………… 215
  - 14.4.1 基本 RS 触发器 …… 215
  - 14.4.2 同步 RS 触发器 …… 216
- 14.5 寄存器 …………… 217
  - 14.5.1 时序逻辑电路概述 … 217
  - 14.5.2 移位寄存器 ……… 217
- 14.6 计数器 …………… 219
- *14.7 555 定时电路 ……… 220
- *技能训练 ……………… 221
  - 技能训练项目 14-1 八路声光报警电路的安装与调试 …… 221

思考与练习 ………………… 224

第15章 数–模和模–数转换器 …… 225
- 15.1 数-模转换器（DAC） …… 225
  - 15.1.1 DAC 的基本概念及转换特性 ………………… 225
  - 15.1.2 DAC 的工作原理 …… 226
  - 15.1.3 集成数-模转换器 DAC0832 … 228
- 15.2 模-数转换器（ADC） …… 229
  - 15.2.1 ADC 的基本概念和转换原理 ………………… 230
  - 15.2.2 模-数转换方法 …… 231
  - 15.2.3 集成模-数转换器 ADC0809 … 232

思考与练习 ………………… 233

参考文献 ………………… 234

第1章　认识电工电子实训室与安全用电

 知识目标

1. 了解电工实训室及常用电工仪表和电工工具的类型及作用。
2. 了解人体触电的类型及常见原因。
3. 掌握安全用电常识，了解触电现场的救护措施。
4. 了解电气火灾的防范及扑救常识。
5. 了解电子实训室的组成及功能。
6. 了解焊接工具和材料的使用。
7. 了解低压电源、信号发生器、示波器和毫伏表等常用电子仪器。

 技能目标

1. 会使用试电笔。
2. 会使用干粉灭火器。
3. 会使用口对口人工呼吸法对触电者进行施救。
4. 会使用胸外心脏压挤法对触电者进行施救。
5. 能识别电子实训室常用工具及仪器仪表。
6. 掌握基本的焊接要领。

1.1　认识电工实训室

话题引入

电工实训是工科专业重要的实践教学环节。在电工实训中，学生要学习电工安全作业的基本要求；常用电工工具及常用仪表的使用方法；常用电机和电气设备的安装与使用；照明和一般动力电路的布线等。

1.1.1　电工实训室简介

如图 1-1 所示，电工实训室正面通常装有黑板，两侧摆放电工实训台。墙上张贴实训室操作规程、实训室安全用电规定以及各种挂图（板），实训室内应配置 1~2 台电气灭火器。

电工实训台如图 1-2 所示，主要由实训架、网孔板（按一定规律排列的网孔组成的常用低压电器安装板）及实训元器件组成。学生可根据实训项目进行元器件的合理布局，

图 1-1　电工实训室布置

从而独立完成安装、接线、运行的全过程，接近于工业现场。能完成电工基础电路、电机控制线路、照明配电等实训操作。若配备各种电工实训考核挂板，可将实训、考核、认证融于一体。

【实训台电源配置】

◆电源输入：三相五线 AC 380V×（1±10%）50Hz。

◆固定交流输出：三相五线 380V 接插式两组；220V 接插式一组；插座式三组。

◆可调交流输出：0~250V 连续可调交流电源一组。

图 1-2　电工实训台

◆直流稳压输出：±12V/0.5A 各两组；5V/0.5A 两组。

◆可调直流输出：0~24V/2A 一组。

实训台具有短路、过载、剩余电流保护，剩余电流保护动作电流≤30mA。

【实训室操作规程】　每个学校可根据实际情况具体制订，但有几点必须强调：学生进入实训室后，未经指导老师同意，不得擅自动用设备与工具；发现异常现象，应立即断开电源，然后报告指导教师，认真分析并查清原因，落实防范措施。

【实训室安全用电规定】　尽管实训操作台有各种保护措施，但安全用电的意识一刻也不能放松。例如：室内任何电气设备未经验电，一般视为有电，不准用手触及；任何接、拆线都必须切断电源后方可进行，并挂上相应警示牌；送电需经指导教师检查同意；实训结束，离开实训室前，一定要检查总电源开关是否断开等。

1.1.2　常用电工工具

电工日常操作离不开电工工具，电气操作人员必须掌握常用电工工具的结构、性能和正确的使用方法。

1. 螺钉旋具

螺钉旋具俗称螺丝刀、起子或改锥，是用来紧固或拆卸螺钉的工具。按照其功能和头部形状的不同，可分为一字形和十字形两种，如图1-3所示。一字形螺钉旋具主要用来旋动一字槽形的螺钉，十字形螺钉旋具主要用来旋动十字槽的螺钉，按照手柄以外的刀体长度有100mm、150mm、300mm等几种规格。

a) 一字形螺钉旋具　　　　　b) 十字形螺钉旋具

图 1-3　螺钉旋具

> **提示**　使用时应注意根据螺钉的大小选择不同规格的螺钉旋具，否则容易损坏旋具或螺钉。

2. 试电笔

试电笔又叫测电笔，简称"电笔"，是检验线路和设备是否带电的工具，通常制成钢笔式和旋具式，其结构和使用方法如图1-4所示。常用来测试电线中是否带电。笔体中有一氖泡，测试时如果氖泡发光，则说明导线有电，或者为通路的火线。

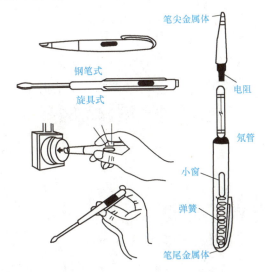

图 1-4　试电笔的结构和使用方法

> **提示**
> 1）低压试电笔电压测量范围为60~500V（严禁测高压电），被测带电体电压必须超过60V，氖管才会发光。
> 2）使用时，手指必须与笔尾的金属体相接触，使电流由被测带电体经试电笔和人体与大地构成回路。
> 3）试电笔每次使用前，应先在确定有电的带电体上测试检查，以免在检验中造成误判。

练一练

在插线板开关断开和闭合的情况下,试着用试电笔检查一下插线板插座是否有电。

3. 钢丝钳

钢丝钳是用于剪切或夹持导线、金属丝或工件的钳类工具,如图 1-5a 所示。钢丝钳的规格有 150mm、175mm、200mm 三种,均带有橡胶绝缘套管,适用于 500V 以下的带电作业。

4. 尖嘴钳

尖嘴钳也是电工常用的工具之一,如图 1-5b 所示,它的头部尖、细小,特别适于狭小空间的操作,功能与钢丝钳相近。

a) 钢丝钳　　　　　　　　b) 尖嘴钳

图 1-5　钳子

5. 电工刀

电工刀主要用来剖削导线的绝缘层、电缆绝缘层和木槽板等,外形如图 1-6 所示。

图 1-6　电工刀

>> **提示**　电工刀没有绝缘保护,使用时严禁带电作业。剖削导线绝缘层时,刀面应与导线呈 45°角,以免损伤线芯。

6. 剥线钳

剥线钳用于剥削截面积在 6mm² 以下的塑料电线或橡胶电线线头的绝缘层,外形如图 1-7 所示。它由钳口和手柄两部分组成,钳口有 0.5~3mm 的多个不同孔径的切口,用于剥削不同规格线芯的绝缘套。

图 1-7　剥线钳

>> 提示　剥线钳使用时要注意线头应放在大于线芯的切口上剥削,以免损伤线芯。

1.1.3　常用电工仪表

【电压表】　用于测量电路两端电压,按照被测电压的不同分为直流电压表和交流电压表两种,表头外形如图 1-8a 所示。

【电流表】　用于测量电路中的电流,按照被测电流的不同分为直流电流表和交流电流表两种,表头外形如图 1-8b 所示。

a) 电压表　　　　b) 电流表

图 1-8　电压表和电流表

【钳形电流表】　钳形电流表是一种不需要断开电路就可直接测量较大工频交流电流的便携式仪表,外形如图 1-9 所示。尽管测量精度不高,但由于使用方便,所以应用很广泛。

【万用表】　万用表是一种多功能、多量程的便携式电工仪表,一般的万用表可以测量直流电流、直流电压、交流电压和电阻。有些万用表还可测量电容、二极管、晶体管等元器件的参数。常见的万用表有指针式万用表和数字式万用表两大类,如图 1-10 所示。

a) 指针式万用表　　b) 数字式万用表

图 1-9　钳形电流表　　　图 1-10　万用表

【绝缘电阻表】　绝缘电阻表又称兆欧表,俗称摇表,如图 1-11 所示,是专门用于测量绝缘电阻的仪表，它的计量单位是兆欧（MΩ），主要用来检测供电线路、电机绕组、电缆、电气设备等的绝缘电阻，以便检验其绝缘性能的好坏。绝缘电阻表分为模拟式（见图 1-11a）和电子式（见图 1-11b）。

想一想

除了上述介绍的常用电工工具和仪表外，你还见过哪些电工工具和仪表？

a) 模拟式　　　　　　　b) 电子式

图 1-11　绝缘电阻表

实践活动

参观电工实训室

在教师的带领下，参观电工实训室，了解常用电工工具和电工仪表的主要功能。讲解实训室操作规程、实训室安全用电规定及灭火器的正确使用方法。

1.2　认识电子实训室

1.2.1　电子实训室简介

每个学校的电子实训室配置不尽相同，但基本配置大同小异，主要包括：实训台、交流电源、直流电源、万用表、示波器、函数信号发生器、交流毫伏表、工具及原材料等。

图 1-12 所示为一个可供近三十人同时进行实训教学的电子技能实训室，每台实训装置大致可分为金属活动框架、实训电源台、实验元器件盒等三大部分。

第1章 认识电工电子实训室与安全用电

图 1-12 电子技能实训室

1. 主要功能特性

一般能按照模拟与数字电路模块的教学与实验实训要求，完成电子元器件识别与检测、电路板焊接、电子产品装配、电子产品调试、PCB 图的设计等实训项目。

2. 主要技术参数

【实训电源台】 由两路相互独立、对称的实验电源和仪表组成，可同时满足两人在同一实训台上完成不同的实训内容，便于实训考核，装置采用单相电源供电，并配有带剩余电流保护的断路器、熔断器以确保使用安全。

【实训电源每路配置】 一组可调的直流电源 0～24V/2A，并带有过载、短路软保护功能；一组 3～24V 交流电源，可分档调节，带过载、短路保护；一组 ±5V、±12V 开关稳压直流电源；一块数字电压表（DC 30V），一块数字电流表（DC 2000mA）；多路单相电源插座，可以供扩展设备、仪表时使用。

3. 电子实训室安全操作规程

1）学生实训前必须做好准备工作，按规定时间进入实训室，到达指定的工位，未经同意，不得私自调换。

2）不得穿拖鞋以及携带食物进入实训室，不得在室内喧哗、打闹、随意走动，未经允许，不得动用实训设备。

3）室内的任何电气设备，未经验电，一般视为有电，不准用手触及，任何接、拆线都必须切断电源后方可进行。

4）设备使用前要认真检查，如发现不安全情况，应停止使用并立即报告老师，以便及时采取措施；电气设备安装检修后，须经检验后方可使用。

5）实践操作时，思想要高度集中，操作内容必须符合教学内容，不准做任何与实训无关的事。

6）要爱护实训工具、仪表、电子电气设备和公共财物，凡在实训过程中损坏仪器设备者，应主动说明原因并接受检查，填写报废单或损坏情况报告表。

7）保持实训室整洁，每次实训后要清理工作场所，做好设备清洁和日常维护工作。

1.2.2 焊接与拆焊技术

图 1-13 所示为技术人员在修理计算机主板。在修理过程中，技术人员一般都要使用电

子仪器先检查电路,之后根据检查结果更换元器件。下面我们就来学习在电子产品的装配及维修中最基本的焊接与拆焊技术。

现代焊接技术有手工烙铁焊、浸焊、波峰焊和再流焊等,其中最基本的就是手工烙铁焊。

1. 焊料与焊剂

【焊料】 焊料的作用就像胶水一样,能将元器件固定粘在电路板上,一般采用称为共晶焊锡的锡铅合金,如图1-14所示。此种焊料具有熔点低、流动性好、对元器件和导线的附着力强、机械强度高、导电性好、不易氧化、抗腐蚀性好且焊点光亮美观等特点。

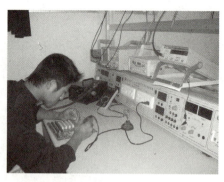

图1-13 技术人员在维修计算机主板

【焊剂】 焊剂即助焊剂,对焊接起辅助作用,通常是以松香为主要成分的混合物,如图1-15所示。在焊接温度下,焊剂可增强焊料的流动性,并具有良好的去表面氧化层的特性。

图1-14 焊锡丝

图1-15 助焊剂

>> **提示** 通常我们使用的焊料是含松香芯(助焊剂)的焊锡丝,所以在使用时不需要另外涂抹助焊剂。

2. 焊接工具

焊接加热工具较多,最常见、最方便的手工焊接加热工具是电烙铁。电烙铁的种类很多,从结构上可分为内热式和外热式两种,外形如图1-16所示。从容量上分,有20W、25W、35W、45W、75W、100W以至500W等多种规格。根据电烙铁的功能又可分为恒温式、调温式、双温式、带吸锡功能式及无绳式等。

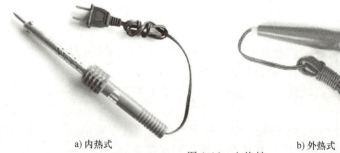

a) 内热式　　　　　b) 外热式

图1-16 电烙铁

>> **提示** 焊接时可根据焊接对象来选择电烙铁的类型和功率。电烙铁的功率越大,使焊料和元器件达到焊接温度所需的时间越短,通常选用25~30W内热式电烙铁;当焊接体积较大的元器件时,应选用功率较大的外热式电烙铁。

3. 焊接技术

【烙铁拿法】 如图 1-17 所示,电烙铁有三种握法:反握法、正握法和握笔法,其中握笔法操作灵活方便,被广泛使用。

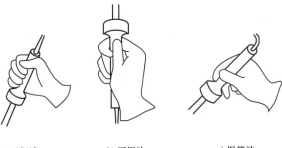

图 1-17 电烙铁的拿法

【焊接方法】 电烙铁焊接通常采用如图 1-18 所示的五工步施焊法。

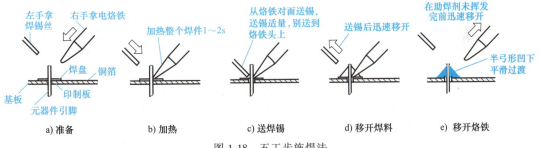

图 1-18 五工步施焊法

 提示

1) 烙铁头与焊料分居于被焊工件两侧。
2) 加热时烙铁头不要向焊件施加压力或随意挪动。
3) 注意:送锡量要适中,不要把焊锡丝送到烙铁头上。
4) 焊完移去焊料后,迅速移去烙铁,否则将留下不良焊点。

小知识

芯片自动焊线机

集成电路芯片的研发、生产和应用是我国科学技术发展的前沿技术。在芯片的生产过程中,压焊是其中一项重要的工序,图 1-19 所示为芯片自动焊线机。该装置是用金属丝(0.6~2.0mil 金、银或铜)将粘在框架上的芯片与框架管脚接通,使芯片与外部电路形成通路,实现其功能。

图 1-19 波峰焊机

4. 拆焊技术

拆焊方法较多,常用的有烙铁拆焊、吸锡器拆焊、专业工具拆焊和热风工作台拆焊等,这里只介绍烙铁拆焊和吸锡器拆焊。

【烙铁拆焊】 用电烙铁拆焊电阻、电容、二极管和晶体管等元器件时,只要在电烙铁熔化一个焊点的同时,用镊子从电路板反面将元器件的该引脚拉出即可。

【吸锡器拆焊】 吸锡器是专门用于拆焊的工具,分为不带发热器件的吸锡器和自带发热器件的吸锡器(吸锡电烙铁)两种,外形如图1-20所示。方法都是先加热需拆焊的焊点,待焊点上锡熔化,将吸锡嘴套入需拆焊元器件引脚,按吸锡按钮,利用瞬时强大的吸力将熔化的锡吸走。

a) 不带发热器件　　　b) 带发热器件

图 1-20　吸锡器

想一想

你见过有人使用电烙铁吗?他们是怎么使用的?

练一练

准备好电烙铁和焊锡丝,再准备些细铁丝或铜丝,用电烙铁将铁丝或铜丝焊接成立方体或其他形状,练习一下焊接技术。

小知识

无 铅 焊 接

铅(Pb)是一种有毒的金属元素,对人体有害,并且对自然环境有很大的破坏性,出于环境保护的需要,特别是 ISO 14000 质量认证体系的导入,世界大多数国家开始禁止在焊接材料中使用含铅的成分,比如欧美国家在 2006 年 7 月 1 日起全面实行电子产品无铅化,禁止生产或销售使用有铅材料焊接的电子生产设备。中国也同样在 2006 年 7 月 1 日起要求投放市场的国家重点监管目录内的电子产品不能含有铅的成分,即实行无铅焊接(Lead-free)。

无铅焊接所用的焊料是一些合金混合物,其熔点比传统焊锡(62%锡 + 38%铅)高。

1.2.3 常用电子仪器

电子仪器是电子技术实验及电子产品设计与维修中不可或缺的工具，下面我们就介绍几种常用的电子仪器。

1. 函数信号发生器

函数信号发生器又称为信号源，主要用来产生频率（0.2Hz～2MHz）与幅度均可调的电压信号，如正弦波、方波、三角波、脉冲波、单次脉冲或TTL电平等。常见的函数信号发生器外形如图1-21所示，具体使用方法见第13章技能训练。

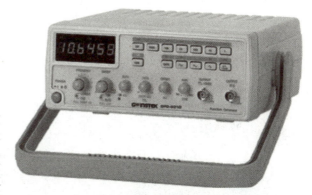

图1-21 函数信号发生器

2. 示波器

示波器是一种用途广泛的电子测量仪器，能直接显示电信号的波形，主要用于观察电信号随时间变化的波形，定量测量波形的幅度、周期、频率、相位等参数。常见的示波器外形如图1-22所示，具体使用方法见第12章技能训练。

3. 毫伏表

毫伏表是一种交流电压表，它具有灵敏度高、测量频率范围宽以及输入阻抗高等特点，主要用于测量频率为20Hz～1MHz、电压为100μV～300V的正弦交流电压有效值及交流电压放大器的增益。常见毫伏表外形如图1-23所示，具体使用方法详见第13章技能训练。

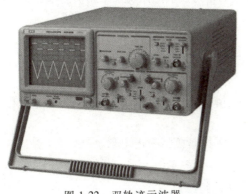

图1-22 双轨迹示波器

图1-23 毫伏表

> **提示** 毫伏表的刻度表示的是正弦有效值，对于非正弦信号电压有效值，如三角波、方波电压，读数要作修正。

想一想

毫伏表与万用表都可以测电压，那么它们一样吗？

实践活动

参观电子产品生产企业

在专业人员的指导下参观电子产品生产企业，了解电子产品的生产过程及各种工具、仪器仪表。

1.3 安全用电常识

话题引入

在日常用电及电气操作中，人体触电的事故时有发生。缺乏安全用电常识以及违反安全操作规程，是造成人体触电的主要原因。人体触电后，抢救不及时以及急救处置方式不当，会造成人员伤亡，因此，掌握安全用电常识非常重要。

1.3.1 生活中的安全用电

加在人体上一定时间内不致造成伤害的电压称为<u>安全电压</u>。通常规定交流36V以下、直流48V以下的电压为安全电压。工厂进行设备检修使用的手灯及机床照明都采用安全电压。

生活中的安全用电应从以下几方面着手：

1）选用合格的电器产品，不准超负荷用电。

2）选用与电线、负荷相适应的熔断器或断路器，不准随意加粗加大熔丝。<u>严禁用铜线、铁丝等代替熔丝</u>。

3）螺口灯头的中心接点应通过开关接相线（俗称火线），螺纹口接中性线（俗称零线），检修或调换灯头时，切忌用手直接触及。

4）不要站在潮湿的地面上移动带电物体或用潮湿抹布擦拭带电电器。

5）不接触低压带电体，不靠近高压线。

6）电气火灾必须使用干性化学灭火器和干燥的沙子。

> **>> 提示**　　　　　　**防止触电的保护措施**
> 1）为防触电，请养成单手操作的好习惯。
> 2）使用电动工具如电钻等，必须戴绝缘手套。
> 3）在潮湿的地面操作，应穿上绝缘鞋，戴好绝缘手套。

1.3.2 人体触电及急救

1. 触电的原因及危害

人体是导体，当人体上加有电压时，就会有电流通过人体。通过人体的电流达到10mA

会使人感到麻痹或剧痛，难以摆脱电源；达到 30mA 以上且持续时间超过 1s，就可能危及人的生命。

触电程度取决于通过人体电流的大小、持续时间、电流的频率以及电流通过人体的途径等。电流通过人体的时间越长，则伤害越大。电流的路径通过心脏会导致精神失常、心跳停止、血液循环中断，甚至死亡。其中电流从左手经前胸到脚、从一侧手到另一侧脚最危险。频率为 50~60Hz 的工频交流电对人体伤害最大。

发生触电的原因很多，如输电线路或电气设备绝缘损坏，人接触到后就会触电。但是根据统计，缺乏安全用电常识以及违反安全操作规程进行作业是造成人体触电的主要原因。

2. 人体触电的种类和形式

当发生触电导致电流流过人体时，会使人受到不同程度的伤害。根据伤害后果的不同分为电击和电伤两类。

【电击】 指电流通过人体时造成的内部组织伤害，是最危险的触电事故。电击后，人的心脏、呼吸系统及神经系统都会受到严重破坏，甚至死亡。触电死亡中绝大部分系电击造成。

【电伤】 指电流的热效应、化学效应、机械效应对人体所造成的伤害，常见的有灼伤、烙伤和皮肤金属化等，有时也可能造成内伤。

常见的触电形式有单相触电、两相触电和跨步电压触电，图 1-24 为各种触电形式示意图。

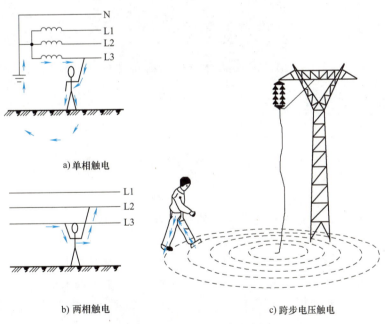

a) 单相触电

b) 两相触电

c) 跨步电压触电

图 1-24 常见触电形式示意图

> **提示** 当发现跨步电压威胁时，应赶快把双脚并在一起，或赶快用一只脚跳着离开危险区，否则，因触电时间过长也会导致触电死亡。当与带电接地体的距离超过 20m 时，跨步电压接近于零。

想一想

在家里如果发生人体触电,是单相触电还是两相触电呢?

小知识

防雷小知识

雷电是大气中的一种自然现象,大气中正负电荷之间放电时,发出耀眼强光,形成闪电,并产生强烈冲击波,形成雷声,如图1-25所示。在雷雨天,应躲入建筑物内,关好门窗;若在空旷地带,则应采取抱膝下蹲等适当姿势进行躲避;尽量避免使用无防雷措施的电话、电视等电器;远离电线等带电设备;在空旷场地不宜打伞,不宜驾驶或骑行车辆赶路。

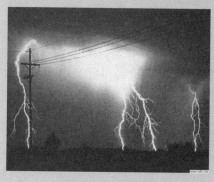

图 1-25 雷电

3. 安全措施

电气设备采取保护接地措施,可以有效地防止人体触电事故的发生,相关知识详见第7章。

4. 触电急救

发现有人触电,最关键的措施是尽快使触电者脱离电源。

1)脱离电源的几种方法:如果触电者附近有电源开关,<u>应迅速拉下开关,切断电源</u>。如果触电现场远离开关或不具备关断电源的条件,可用干燥木棒、竹竿等将电线从触电者身上挑开,如图1-26a所示。如果救护者手边有带绝缘柄的钳子或带木柄的斧头等,也可以<u>从电源的来电方向将电线切断</u>,如图1-26b所示,但要注意切断电线时一次只能切断一根电线。

> **提示**
> 1. 在切断电源前,切勿用手接触触电者身体的任何部位,以免再次发生触电。
> 2. 以上施救方法不适合高压触电情况。

2)现场急救:使触电者脱离电源后,救护人员需迅速组织抢救。若触电者已失去知觉，但仍能呼吸，应迅速将触电者移至干燥、宽敞、通风的地方，解开衣服，并速请医护人员救治。注意不要让人围观，保持空气畅通。

若触电者呼吸已停止，但仍有心跳，应采取口对口人工呼吸进行抢救；若触电者心跳已停止，但呼吸未停止，则应采取胸外心脏按压法进行抢救。自行组织抢救的同时应尽快拨打120急救电话。

图 1-26 使触电者脱离电源的常用方法

1.3.3 电气火灾的防范与扑救常识

电气火灾是指由电气原因引发燃烧而造成的灾害，在实际生产生活中设备或电路发生短路故障、过载或接触不良，以及电气设备运行时产生的电火花、电弧都可能导致电气火灾的发生。

1. 电气火灾的防范常识

对于电气火灾，主要应从以下几个方面进行防范。

1) 在安装开关、插座、熔断器、电热器具等电气设备时，要尽量避开易燃物或易燃建筑构件，或与易燃物保持必要的防火距离。

2) 按规定要求安装短路、过载、剩余电流等保护装置。

3) 对正常运行条件下可能产生电热效应的设备采用隔热、散热、强迫冷却等措施。

4) 加强对设备的运行管理，定期检修、试验，防止绝缘损坏等造成短路。

2. 电气火灾的扑救常识

一旦电气设备发生火灾，首先应切断电源，然后再进行火灾扑救工作，其扑救方法与一般火灾扑救相同。只有在确实无法断开电源的情况下，才允许带电灭火。在对带电线路或设备灭火时，要注意：

1) 不能用直流水枪灭火，但可用喷雾水枪灭火，因为喷雾水枪喷出的是不导电的雾状水流（比较危险）。

2) 不能用泡沫灭火器灭火，应使用不导电的干性化学灭火器，如二氧化碳灭火器、四氯化碳灭火器、1211灭火器和干粉灭火器等。

3) 对有油的设备，应使用干燥的砂子灭火。

4) 灭火器的筒体、喷嘴及人体都要与带电体保持一定距离，灭火人员应穿绝缘靴，戴绝缘手套，有条件的还要穿绝缘服等，以免扑救人员的身体触及带电体而触电。

小知识

干粉灭火器的使用方法

干粉灭火器的使用方法如图 1-27 所示：

a）右手握住压把，左手托着灭火器底部，轻轻地取下灭火器；b）右手提着灭火器赶到火灾现场；c）除掉铅封；d）拉出插销；e）左手握着喷管，右手提着压把；f）在距火焰 2m 的地方，右手用力压下压把，左手拿着左右摆动，喷射干粉覆盖整个燃烧区。应对着火焰根部喷射，并不断推前，直至把火焰扑灭。

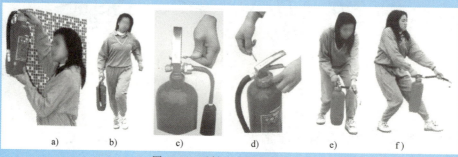

图 1-27 干粉灭火器的使用方法

实践活动

学习灭火器的使用

找一空旷地带，在学校防火安全员的指导下，学习常用灭火器的使用方法。

技 能 训 练

技能训练指导 1-1　口对口人工呼吸法

对呼吸减弱或已经停止的触电者，口对口人工呼吸法是维持体内外的气体交换行之有效的方法，其操作步骤见表 1-1。

表 1-1　口对口人工呼吸法操作步骤

	第一步：将触电者仰卧，松开衣、裤，以免影响呼吸时胸廓及腹部的自由扩张；再将颈部伸直，头部尽量后仰，搬开口腔，清除口中杂物，如果舌头后缩，应拉出舌头，使进出人体的气流畅通无阻

（续）

	第二步：救护者位于触电者头部一侧，将靠近头部的一只手捏住触电者的鼻子(防止吹气时气流从鼻孔露出)，并用这只手的外缘压住额部，另一只手上抬其颈部，这样可使头部自然后仰，解除舌头后缩造成的呼吸阻塞
	第三步：救护者深呼吸后，用嘴紧贴触电者的嘴大口吹气，同时观察触电者胸部的隆起程度，一般应以胸部略有起伏为宜。如胸腹起伏太大，说明吹气太多，容易吹破肺泡；如胸腹无起伏或起伏太小，则是吹气不足，应适当加大吹气量
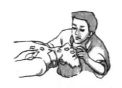	第四步：吹气结束后，放开嘴鼻换气。这时应注意观察触电者胸部的复原情况，倾听口鼻处有无呼气声，从而检查呼吸道是否阻塞。当发现待救护者可换气时，应迅速离开触电者的嘴，同时放开捏紧的鼻孔，让其自行呼吸

按照上述步骤反复进行，对成年人每分钟吹气 14～16 次，大约每 5s 一个循环，吹气时间稍短，约 2s；呼气时间要长，约 3s。对儿童吹气每分钟 18～24 次，这时不必捏紧鼻孔，让一部分空气漏掉。对儿童吹气，一定要掌握好吹气量的大小，不可让其胸腹过分膨胀，防止吹破肺泡。

技能训练指导 1-2　胸外心脏按压法

胸外心脏按压法是在触电者心脏停止跳动时，有节奏地在胸廓外加力，对心脏进行按压。利用人工施压代替心脏的收缩与扩张，以达到维持血液循环的目的，具体操作见表1-2。

表 1-2　胸外心脏按压法操作步骤

	第一步：将触电者仰卧在硬板或平整的硬地面上，解松衣、裤，救护者跪跨在触电者腰部两侧
	第二步：救护者将一只手的掌根按在触电者胸骨以下横向二分之一处，中指指尖对准颈根凹膛下边缘，另一只手压在那只手的背上呈两手交叠状，肘关节伸直

（续）

	第三步：救护者靠体重和臂与肩部的用力，向触电者脊柱方向慢慢压迫胸骨下段，使胸廓下陷3~4cm，由此使心脏受压，心室的血液被压出，流至触电者全身各部位
	第四步：双手突然放松，依靠胸廓自身的弹性，使胸腔复位，让心脏舒张，血液流回心室。但要注意，此时交叠的两掌不要离开胸部，只是不加力而已。之后重复第三、四步骤，每分钟60次左右

技能训练指导1-3　万能实验板

万能实验板如图1-28所示，主要用来做一些简单的电子电路。在万能实验板上布满了用来插装和焊接电子元器件的小孔，孔与孔之间采用标准孔距（2.54mm），集成电路可直接插入焊接，且孔与孔之间是绝缘的。

万能实验板有正、反两面。正面又叫安装面，用来进行电路布局和插装电子元器件，如图1-28a所示；反面又叫焊接面，在焊接面上，每个孔都带有焊盘，用来固定电子元器件和进行电路连接，如图1-28b所示。

a) 安装面　　　　　　　　　b) 焊接面

图1-28　万能实验板外形

技能训练指导1-4　电烙铁的使用及焊接要求

【电烙铁使用注意事项】

1）新电烙铁使用前要对烙铁头搪锡，具体方法是：先用砂布（纸）或锉刀除去烙铁头表面氧化层，再将烙铁加热到刚熔化焊锡时，蘸上助焊剂，然后将焊锡丝放在烙铁头上给烙铁头均匀地镀上锡,这样烙铁头就不易被氧化。在使用中,应使烙铁头保持清洁。

2) 用海绵来收集锡渣和锡珠及氧化物,其湿度以用手捏刚好不出水为宜。

3) 电烙铁不宜长时间通电而不使用,这样容易使烙铁芯加速氧化烧断,缩短其寿命,同时也会使烙铁头因长时间加热而氧化,甚至被"烧死"不再"吃锡"。

【焊接注意事项】

1) 焊接前应观察各个焊点(铜皮)是否光洁、氧化等,如果有杂物要用毛刷清理干净再进行焊接,如有氧化现象要加适量的助焊剂,以增加焊接强度。

2) 在焊接元器件时,要看准焊接点,以免线路焊接不良引起短路。

3) 在焊接后要认真检查元器件焊接状态,周围焊点是否有残锡、锡珠、锡渣等。

【对焊接点的基本要求】

1) 焊点要有足够的机械强度,保证被焊件在受振动或冲击时不致脱落、松动。

2) 焊点大小适中,无漏、假、虚、连焊,具有良好导电性。

3) 焊点表面要光滑、圆润、干净、无毛刺。

技能训练项目 1-1　心肺复苏施救练习

【实训目标】

1) 会使用口对口人工呼吸法对触电者进行施救。

2) 会使用胸外心脏按压法对触电者进行施救。

【实训器材】　心肺复苏模拟人一个,如图 1-29 所示。心肺复苏模拟人可以设置操作频率、操作时间,具有自动识别错误操作并做语音提示及记录操作成绩的功能。

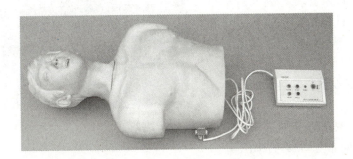

图 1-29　心肺复苏模拟人

【实训内容及步骤】

1) 利用心肺复苏模拟人按照表 1-1 所示操作步骤完成口对口人工呼吸法的练习。

2) 利用心肺复苏模拟人按照表 1-2 所示操作步骤完成胸外心脏按压法的练习。

【注意事项】

1) 在进行口对口人工呼吸法练习之前必须用医用酒精或其他消毒物品对心肺复苏模拟人进行消毒处理。

2) 在进行胸外心脏按压法练习时,刚开始应由轻到重找到感觉,切忌用力过猛损坏心肺复苏模拟人。

【自评互评】

姓名			互评人		
项目	考核要求	配分	评分标准	自评分	互评分
口对口人工呼吸法练习	按照表 1-1 口对口人工呼吸法操作步骤对触电者进行施救	50	操作错误,每次扣 2 分		
胸外心脏压挤法练习	按照表 1-2 胸外心脏按压法操作步骤对触电者进行施救	50	操作错误,每次扣 2 分		
合计		100			

学生交流改进总结:

教师签名:

【思考与讨论】

对真人进行施救时还应注意什么?

技能训练项目 1-2　手工焊接与拆焊

【实训目标】

1) 学会常见电子元器件的手工插装技术。
2) 能焊接和拆焊常见电子元器件。

【实训器材】

万能实验板一块,各种电阻器、电容器、二极管、晶体管、集成电路等电子元器件若干,斜口钳、电烙铁、吸锡器、烙铁架各一个,焊锡丝、导线、助焊剂若干。

图 1-30　焊接技能训练元器件的布置图

【实训内容及步骤】

1. 焊接训练

对各种元器件进行引脚成型、插装和焊接,元器件的布置图参考图 1-30。

1) 元器件引线成型。所有的元器件在安装时,首先要根据工艺要求对其引脚进行成型后才能安装。图 1-31a 是引线的标准成型方法,要求引线打弯处距元器件根部大于 2mm,半径 r 大于元器件直径的两倍,元器件根部和插孔的距离 R 大于元器件直径;图 1-31b 是垂直

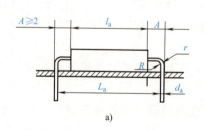
a)

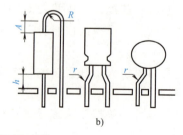
b)

图 1-31　元器件的成型与插装

插装时的成型形状，一般在电路板元器件密度较大时采用，要求 h、A 均大于 $2\mathrm{mm}$，R 大于元器件直径。

2）插装与焊接。元器件成型后，进行手工插装并焊接。以电阻器为例，如图 1-32 所示。

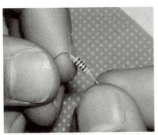
a) 首先对元器件引脚成型

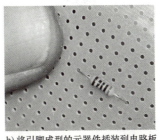
b) 将引脚成型的元器件插装到电路板

c) 依照五工步施焊法焊接元器件引脚

d) 用斜口钳剪掉多余引脚

图 1-32　电阻器的安装过程

3）焊点外观检查。焊接完成后，对照图 1-18e 所示典型焊点检查焊点是否良好，如出现虚焊、漏焊、桥连、毛刺、沙眼等不良焊点，用电烙铁进行修整。

2. 拆焊训练

1）像电阻器、二极管等引脚少的元器件，如图 1-33 所示，采用烙铁拆焊。

a) 用一只手捏住待拆卸电阻，同时用烙铁加热电阻焊点，在焊锡熔化的瞬间，用手拉出电阻引脚

b) 拆卸掉一个引脚的电阻

c) 拆卸下来的电阻

图 1-33　烙铁拆焊

2）像集成电路这类引脚多的元器件，用吸锡器进行拆卸法如图 1-34 所示。

【注意事项】

1）电烙铁工作时要放在特制的烙铁架上，以免烫伤他人或烫坏其他物品。

2）焊接过程中烙铁头多余的焊锡要用吸水海绵来收集，不能随意甩掉，以免伤及他人。

a)将吸锡器压下,并用烙铁加热集成块焊点

b)待焊锡完全熔化时,将吸锡嘴套在焊盘上

c)按下吸锡按钮,将熔化的焊锡吸走

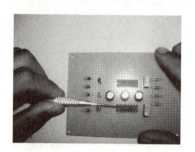
d)待焊点拆卸完毕后,用镊子取下集成块

图 1-34 吸锡器辅助拆焊

3) 使用斜口钳修剪引脚时,电路板应压低朝向地面,以免引脚溅入眼睛造成伤害。

【自评互评】

姓名			互评人		
项目	考核要求	配分	评分标准	自评分	互评分
元器件引线成型	元器件引线加工尺寸及成型符合工艺要求	10	不符合工艺要求,每处扣1分		
元器件插装	元器件插装横平竖直、整齐、均匀。	10	不符合工艺要求,每处扣1分		
元器件焊接	焊点符合工艺要求	40	不符合工艺要求,每处扣1分		
元器件拆焊	1. 电路不能有烫伤或划伤 2. 焊盘上的焊锡要清理干净,并露出插件孔	30	电路有烫伤或划伤,每处扣5分,其余不符合要求,每处扣1分		
安全文明操作	工作台上工具摆放整齐,严格遵守安全操作规程,符合"6S"管理要求	10	违反安全操作、工作台上脏乱、不符合"6S"管理要求,酌情扣3~10分		
合计		100			

学生交流改进总结:

教师签名:

第 1 章　认识电工电子实训室与安全用电

【思考与讨论】
1. 用电烙铁焊元器件时，焊接时间的长短对焊点质量有什么影响？
2. 用吸锡器拆卸元器件时，应注意些什么？

思考与练习

1-1　你知道的常用电工工具和电工仪表有哪些？
1-2　在电气操作和日常用电中，哪些因素会导致触电？
1-3　你知道人体触电有哪些种类和形式吗？
1-4　口对口人工呼吸法在什么情况下使用？试述其动作要领。
1-5　胸外心脏按压法在什么情况下使用？试述其动作要领。
1-6　你了解的电气火灾扑救常识有哪些？
1-7　手工焊接一般采用锡铅合金作为焊料，其中含锡量约＿＿＿＿，含铅量约＿＿＿＿。焊剂即助焊剂，通常是以＿＿＿＿为主要成分的混合物。
1-8　电子技术实验中常用的电子仪器有＿＿＿＿、＿＿＿＿和＿＿＿＿。
1-9　电烙铁焊接的基本操作步骤是什么？
1-10　如何使用电烙铁拆焊？
1-11　手工锡焊中焊剂的作用是什么？
1-12　手工锡焊时电烙铁的撤离方向和角度与焊点有什么关系？
1-13　请大家上网查找焊接技术视频资料及常用电子仪器资料。

第2章 直流电路

知识目标

1. 能正确理解电路的基本概念。
2. 能识读基本的电气符号和简单的电路图。
3. 熟悉电路的组成及其功能。
4. 掌握电路中常用物理量的定义、符号、单位和它们之间的关系。
5. 能识读电阻器和电位器的外形与结构,能简述其在实际生活中的典型应用。
6. 掌握欧姆定律及应用。
7. 会分析电阻串联、并联及混联的连接方式及其电路特点。
8. 掌握基尔霍夫定律,会应用 KCL、KVL 列出电路方程。
9. 能利用叠加定理对直流电路进行分析和计算。
10. 熟悉戴维南定理的解题思路。

技能目标

1. 会用万用表测量直流电路的电流、电压和电位。
2. 能识读常见电阻器并会用万用表检测电阻。
3. 能用万用表检查简单电路的故障。

2.1 电路

话题引入

众所周知,公路是车辆行人的通路,水路是船只的通路,航线是飞机飞行的通路,那么电路是谁的通路呢?电路就是电流流过的路径,例如常见的手电筒,它的电路如图2-1所示,合上开关,电流从电源正极流出,通过导线传输经过开关、灯泡回到电源负极,形成电流通路,灯泡发光;断开开关,电路不通,电流被阻断,灯泡不亮。

2.1.1 电路的组成

电路是由电源、负载、导线和开关等按一定的方式连接起来的闭合回路。

图 2-1 手电筒实物电路

【电源】 电路中提供电能的设备和器件，常见的有干电池、蓄电池、发电机和信号源等，如图 2-2 所示。

a) 干电池　　　　　　b) 蓄电池　　　　　　c) 发电机

图 2-2 常见电源

【负载】 又称用电器，是把电能转换成其他形式能量的装置，即消耗电能的装置，常见的有电灯、电炉、电动机、信号灯等。

【导线】 电路中将电源和负载按一定方式连接起来的金属线，常见的有铜线和铝线，如图 2-3 所示。

图 2-3 常见导线

【开关】 控制电路工作状态的器件，常见的有按钮、刀开关等。

2.1.2 电路的状态

电路有三种状态：即通路、开路、短路。

【通路】 也称为闭路。如图 2-4a 所示电路中，当开关闭合，电路中有电流流过，负载获得一定的电压和电功率，进行能量转换，即为通路状态。

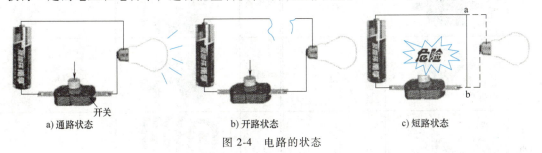

a) 通路状态　　　　　　b) 开路状态　　　　　　c) 短路状态

图 2-4 电路的状态

【开路】 也称为断路。如图 2-4b 所示电路中，当开关断开，电路中没有电流流过，即为开路状态。

【短路】 如图 2-4c 所示，a、b 两点用导线接通，这时电流不经过负载，直接从导线 ab 回到电源，即为短路状态。

>> 提示　短路时会产生很大的电流，过大的电流对电源来说属于严重过载，如没有采取保护措施，电源或电器会被烧毁或发生火灾，所以通常会在电路中安装熔断器等保护装置，以避免发生短路时造成不良后果，短路现象应尽可能避免。

练一练　找来灯泡、电池、导线和开关，参照图 2-1，自己连接电路，并操纵开关观察灯泡的变化。

2.1.3 电路图

【理想元件】 电路是由电特性相对复杂的元器件组成的，为了便于对电路进行分析，可将电路实体中的各种元器件用一些能够表征它们主要电磁特性的理想元件来代替，而对其实际结构、材料、形状等非电磁特性不予考虑。

【电路图】 由理想元件构成的电路叫作实际电路的电路模型，也叫作实际电路的电路原理图，简称电路图。

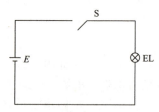

图 2-5　手电筒电路图

为简便起见，电路通常不用实物表示，而是用电路图表示，例如图 2-5 所示即为图 2-1（手电筒实物电路）的电路图。在电路图中，电路组成的元器件和连接情况是用国家统一规定的图形符号和文字符号来表示的，常用的图形及文字符号见表 2-1。

表 2-1　部分电路图形及文字符号

名称	实物图	图形及文字符号	名称	实物图	图形及文字符号
电池		E	电流表		A PA
开关		S	电压表		V PV
灯		EL	熔断器		FU
电阻		R	接地		GND

(续)

名称	实物图	图形及文字符号	名称	实物图	图形及文字符号
电容		C	发电机		G
电感		L	二极管		VD

2.1.4 电路的功能

实际电路的种类多种多样，形式和结构也各不一样，但按其完成功能的不同可以分为两种。

1. 实现电能的传输、分配与转换

电能的传输、分配与转换的示意图如图2-6所示。

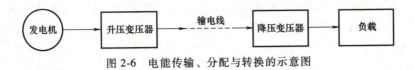

图2-6 电能传输、分配与转换的示意图

2. 实现信号的传递与处理

信号传递与处理示意图如图2-7所示。

图2-7 信号传递与处理的示意图

实践活动

翻阅家里的电路图

每个家庭都有各种各样的电器，找出说明书，看看电路图，你认识哪些符号，哪些又是你不认识的。

2.2 电路中的常用物理量

话题引入

我们去买电冰箱,销售员除了介绍外观、材料等特点外,还会介绍它的耗电有多低,有多省电。那么用什么来评价耗电的多少呢?其实就是电功率,它是电路中的一个基本物理量。本节我们就学习电路中常用的物理量:电流、电压、电位、电动势、电能和电功率。

2.2.1 电流

【电流的概念】 电荷的定向移动形成电流。例如,金属导体中存在的大量自由电子时刻在做无序不规则的运动,如图 2-8a 所示。当有电场存在时,金属导体中的自由电子在电场力作用下定向移动,这就形成了电流,如图 2-8b 所示。

【电流的大小】 电流的大小用单位时间内通过导体横截面的电荷量多少来衡量,以字母 i 表示。在交流电路中,若在 t 秒内通过导体横截面的电荷量为 q,则电流 i 可表示为

$$i = \frac{dq}{dt} \tag{2-1}$$

电流的大小和方向都不随时间变化的稳恒直流电,简称直流电,其电流的表达式可改为

$$I = \frac{Q}{t} \tag{2-2}$$

式中,I 表示电流,单位为安[培](A);Q 表示电荷量,单位是库[仑](C);t 表示时间,单位是秒(s)。

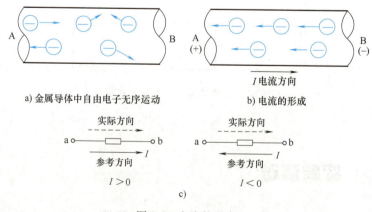

图 2-8 电流的形成

如果在 1s 内通过导体横截面的电荷量为 1C,则导体中的电流即为 1A。电流的单位除 A 外,还有千安(kA)、毫安(mA)、微安(μA),它们之间的换算关系为

$$1\text{kA} = 10^3\text{A}, \quad 1\text{mA} = 10^{-3}\text{A}, \quad 1\mu\text{A} = 10^{-6}\text{A}$$

【电流的方向】 人们习惯上规定正电荷的移动方向为电流的方向。因此，带负电的自由电子的移动方向跟电流方向相反，如图 2-8b 所示。

> **提示**
>
> 在分析电路时，常常要知道电流的方向，但有时电路中电流的实际方向难以判断，此时常可任意选定某一方向作为电流的"参考方向"（也称正方向）。
>
> 所选的参考方向不一定与实际方向一致。
>
> 当电流的实际方向与其参考方向一致时，则电流为正值；反之，当电流的实际方向与其参考方向相反时，则电流为负值，如图 2-8c 所示。

2.2.2 电压、电位和电动势

【电压的概念】 如图 2-9a 所示，水流从水位高的 A 点向水位低的 B 点流动，那是因为 A、B 点间有水位差，即水压。与水流相似，在电压的作用下，电荷从高电位处向低电位处流动，形成电流，如图 2-9b 所示，电池就是为电路提供电压的装置，电池的正极电位高，负极电位低，正、负极之间存在电位差，即电压，在电压作用下，电流从正极向负极流动，电路中就会产生一个从电池正极到负极的电流。

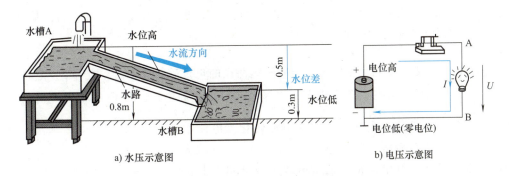

a) 水压示意图　　　　　　　　b) 电压示意图

图 2-9　电压及其类比

小知识

生活中的常用电压等级

干电池两极间的电压为 1.5V；手持移动电话的电池两极间的电压一般为 3.6V；计算机箱内部的电压 ≤20V；人体安全电压 ≤36V；家庭用电的电压为 220V；一般低压动力线路的电压为 380V。

【电压的大小】 电路中电压的大小等于电场力把单位正电荷从 a 点移到 b 点电场力所做的功，即

$$U_{ab} = \frac{W_{ab}}{Q} \qquad (2-3)$$

式中，U_{ab} 表示电压，单位为伏［特］（V）；W_{ab} 表示功，单位为焦［耳］（J）；Q 表示电荷量（C）。

【电压的方向】 电压的实际方向由高电位指向低电位。参考电压的方向的选取同电流参考方向。电路中电压的参考方向有三种表示法。

a）箭头法：用带箭头的线段表示电压的方向，如图 2-10a 所示。

b）极性法：在电路的两点或元件两端标上极性表示电压的方向，用"＋"和"－"表示极性，如图 2-10b 所示。

c）下标法：用电压符号 U 加双下标字母表示，如 U_{ab} 表示电压方向从 a 点指向 b 点，如图 2-10c 所示。

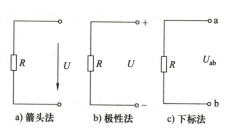

图 2-10　电压的参考方向

【电位】 电路中某点相对于参考点的电压称为该点的电位，用 V 表示。如用 V_A 表示 A 点的电位。电位的单位也为伏［特］（V）。参考点的电位规定为零，一般选择大地作为参考点，用符号"⏚"表示；在电子仪器中常把金属机壳或电路的公共节点作为参考点，用符号"⊥"表示。电位具有单值性，某点电位为正，说明该点电位比参考点高；某点电位为负，说明该点电位比参考点低。

>> 提示 | 电路中两点之间的电压等于这两点的电位差，即 $U_{AB} = V_A - V_B$；电路中某一点 A 的电位，等于该点 A 与参考点 O 之间的电压，即 $V_A = V_{AO} = V_A - V_O$。

【电动势】 电动势是衡量电源将非电能转化为电能本领的物理量，用符号 E 表示，单位是伏［特］（V）。电动势在数值上等于非静电力将单位正电荷从电源负极推到电源正极所做的功，电源两端的电位差称为电源的端电压。

【电动势的方向】 电动势的实际方向由低电位指向高电位，即电位升高的方向。也就是电源负极指向正极方向。

对于一个电源来说，在开路状态下，电源两端的电压与电源的电动势大小相等而方向相反，如图 2-11 所示。

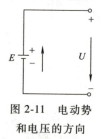

图 2-11　电动势和电压的方向

练一练

电路如图 2-12 所示，若 $V_A = 5V$，$V_B = 2V$，则 $U_{AB} = $ _____ V；若 $V_A = 3V$，$V_B = 5V$，则 $U_{AB} = $ _____ V。

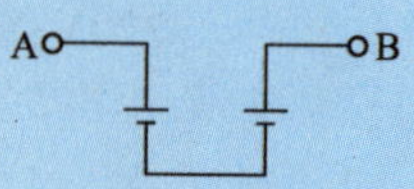

图 2-12

实践活动

找找看，电视机遥控器电池、手机电池、数码照相机电池、汽车蓄电池等常见直流电源的电压各是多少伏？

2.2.3 电功和电功率

【电功】 在一段时间内，电流通过用电器时，电源所做的功，称为电功，用 W 表示。在电路中电功的计算公式为

$$W = UIt \tag{2-4}$$

式中，W 表示电路消耗的电功，单位是焦［耳］（J）；U 表示电路两端的电压（V）；I 表示流经电路的电流（A）；t 表示通电时间（s）。

电功可用电度表来测量，电功的常用单位为 kW·h，也就是我们常说的"度"，1kW·h（度）= $3.6×10^6$ J（焦耳）。

【电功率】 单位时间内电流所做的功称为电功率，简称功率。它是衡量电流消耗电能快慢的物理量，用字母 P 表示，计算公式为

$$P = \frac{W}{t} \tag{2-5}$$

代入 $W = UIt$ 可以得到

$$P = UI \tag{2-6}$$

式中，P 为电功率，单位是瓦［特］（W）；U 表示导体两端的电压（V）；I 表示导体上的电流（A）。

>> 提示 | 若电流在 1s 内所做的功为 1J，则电功率是 1W。

【电能】 电能是指在一定的时间内电路元件或设备吸收或放出的电能量，在电路中电能的计算公式为

$$W = Pt = UIt \tag{2-7}$$

式中，W 表示电能，其国际单位为焦［耳］（J）。

通常电能可以表示为千瓦时（kW·h），俗称为度

$$1\text{度} = 1\text{kW·h} = 3.6×10^6 \text{J}$$

即功率为 1kW 的用电设备，连续工作 1h 所消耗的电能为 1 度。

练一练

有一功率为 40W 的电灯，如每天照明的时间为 5h，平均每月按 30 天计算，那么每月消耗的电能是多少度？合多少焦耳？

小知识

电气设备的额定值

根据设计、材料及制造工艺等因素，由制造厂家给出的设备各项性能指标和技术数据称为该设备的额定值。按照额定值使用电气设备，安全可靠、经济合理。

如图2-13所示，额定值一般标在电气设备的铭牌上，如 U_N、I_N、P_N 等。

图 2-13 铭牌

2.2.4 负载获得最大功率的条件

对于任何一个实际的电路，内阻是客观存在的，外电路获得的最大功率是有限的。在实际应用中，人们总是希望负载上获得的功率越大越好。

在图2-14所示电路中，电源电压为 E，内阻 r，负载电阻为 R，根据全电路欧姆定律，电路中的电流 $I = \dfrac{E}{R+r}$，负载上所得功率为

$$P = I^2 R = \left(\dfrac{E}{R+r}\right)^2 R = \dfrac{E^2 R}{(R+r)^2}$$

容易证明：在电源电动势 E 及其内阻 r 保持不变时，负载 R 获得最大功率的条件是 $R=r$，如图2-15所示，此时负载的最大功率值为

$$P_{\max} = \dfrac{E^2}{4R} \tag{2-8}$$

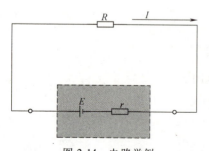

图 2-14 电路举例

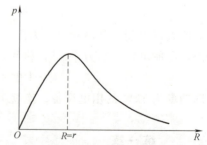

图 2-15 电源输出功率与外电路（负载）电阻的关系曲线

电源输出的最大功率是

$$P_{\text{EM}} = \frac{E^2}{2r} = \frac{E^2}{2R} = 2P_{\max}$$

通过分析，当负载获得最大功率时，电源内部消耗的能量和外电路消耗的能量相同，即电源的利用率只有50%，这在强电领域是不允许的。

练一练

某电热器上标有"220V，1000W"字样：
1) 其中"220V"表示_____，"1000W"表示_____。
2) 电热器正常工作时通过的电流是_____ A，正常工作2h消耗电能_____度。

实践活动

看看家里面的电表，一月能用多少度电？看看家里面的电气设备，它们的功率都是多少？工作相同的时间，哪个用电多，哪个用电少？

2.3 电阻元件与欧姆定律

话题引入

用户每月缴纳电费时，通常都要加上电能损耗的费用。那么电为什么会损耗呢？如图2-16所示，电能从发电厂输送到千家万户的过程中，由于电线上存在电阻，一部分电能转化为热能损耗掉了。

2.3.1 电阻

当电流流过导体时，导体会对电流起阻碍作用，这种阻碍作用称为导体的电阻，用大写字母 R 表示，单位为欧［姆］，符号为 Ω。金属导体的电阻大小可用以下公式计算：

$$R = \rho \frac{l}{S} \quad (2\text{-}9)$$

图2-16 输电线路

式中，R 表示电阻（Ω）；l 表示导体长度（m）；S 表示导体截面积（m^2）；ρ 表示导体的电阻率，单位为欧姆米（$\Omega \cdot m$）。

提示 式（2-8）称为电阻定律，式中的电阻率 ρ 是与材料性质有关的物理量，也称为电阻系数。

想一想

绝缘材料有没有电阻？

小知识

超 导 现 象

1911 年，荷兰科学家昂内斯用液氦冷却汞，当温度下降到 -268.98℃ 时，水银的电阻突然下降为零，这种现象就是超导现象。具有超导性质的材料称为超导材料。利用材料的超导电性可制作磁体，应用于电机、高能粒子加速器、磁悬浮列车等领域；也可制作电力电缆，用于大容量输电。

2.3.2 电阻器

在生产实际中，利用导体对电流产生阻碍作用的特性，专门制造的具有一定阻值的元件，称为电阻器，简称电阻。

电阻器是电子电路中最常用的元件，有固定电阻器和可变电阻器两大类。

【固定电阻器】 固定电阻器的阻值是固定不变的，常见的有绕线电阻、碳膜电阻、金属膜电阻和水泥电阻等，如图 2-17 所示。

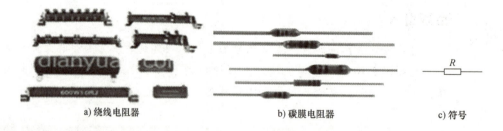

a) 绕线电阻器　　　　　　b) 碳膜电阻器　　　　　　c) 符号

图 2-17　固定电阻器

【可变电阻器】 可变电阻器是阻值在预定范围内可调节的电阻，常用于调节电路中的电位，故又称作电位器。可变电阻器如图 2-18 所示。

a) 外形　　　　b) 符号

图 2-18　可变电阻器

【特殊电阻器】 除以上常见电阻器外，还有一些具有特殊功能的电阻器，例如光敏电阻、压敏电阻、磁敏电阻、热敏电阻等，广泛应用在各种电子设备中，如图 2-19 所示。

a) 光敏电阻　　b) 压敏电阻　　c) 磁敏电阻　　d) 热敏电阻

图 2-19　特殊电阻器

想一想

你都见过什么样的电阻器？

2.3.3　欧姆定律

德国物理学家欧姆通过大量的实验研究，于 1827 年总结出电阻元件的电压和电流的关系是：流过电阻 R 的电流 I 与电阻两端的电压 U 成正比，与电阻 R 成反比，即

$$I = \frac{U}{R} = GU \quad \text{或} \quad U = RI \qquad (2\text{-}10)$$

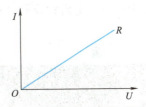

图 2-20　电阻伏安特性曲线

式中，U 表示电压（V）；I 表示电流（A）；R 表示电阻（Ω）。$G = 1/R$，为电阻的倒数，称为电导，其国际制单位为西〔门子〕（S）。这就是后来以他的名字命名的欧姆定律。

如果以电压为横坐标，电流为纵坐标，可画出电阻的 $U—I$ 关系曲线，称为电阻的伏安特性曲线，如图 2-20 所示。

练一练

某电炉接在 220V 的电源上，正常工作时流过电阻丝的电流为 5A，此时电阻丝的电阻 $R = $ _____ 。

小知识

线性电阻和非线性电阻

电阻值不随电压、电流的变化而变化的电阻称为线性电阻，电阻值是一个常量，其电压、电流的关系符合欧姆定律。在电子产品中广泛应用的绕线电阻、金属膜电阻都是线性电阻。

电阻值随着电压、电流的变化而变化的电阻称为非线性电阻。非线性电阻的电压、电流关系不符合欧姆定律，如在电子线路中起限流、保护作用的突变型 PTC、热敏电阻器等。

2.4 电阻的连接

话题引入

如图 2-21 所示，在夜晚，当我们走在马路上时，看到琳琅满目的路灯照亮了整个城市。有时个别灯不亮了，却不影响其他灯的正常工作，这是为什么呢？原来，它们之间采用了并联的连接方式。

2.4.1 串联

【串联的概念】 将两个或两个以上的电阻依次首尾相连的连接方式，为串联。图 2-22a 所示为由三个电阻构成的串联电路。

图 2-21 并联方式连接的路灯

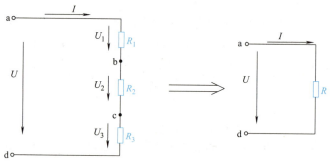

a) 串联电阻电路　　b) 等效电路
图 2-22 电阻的串联及其等效电路

【串联电路的特点】

a) 电路中流过各个电阻的电流相同，即

$$I = I_1 = I_2 = \cdots = I_n$$

b) 电路两端的总电压等于各电阻两端的电压之和（具有分压功能），即

$$U = U_1 + U_2 + \cdots + U_n$$

c) 电路的等效电阻（总电阻）等于各串联电阻之和，即

$$R = R_1 + R_2 + \cdots + R_n$$

>> **提示** 分析电路时，常用一个电阻来表示几个串联电阻的总电阻，这个电阻称为等效电阻。图 2-22b 就是采用等效电阻后的等效电路。

d) 电路中消耗的总功率等于各个电阻消耗的功率之和；各个电阻消耗的功率与其阻值成正比，即

$$P = P_1 + P_2 + \cdots + P_n$$
$$P_1 = I^2 R_1, P_2 = I^2 R_2, \cdots, P_n = I^2 R_n$$

e) 电路中各电阻分配的电压与电阻成正比，即

$$U_1 = IR_1, U_2 = IR_2, \cdots, U_n = IR_n$$

对于 n 个电阻串联的电路，有

$$U_1 = \frac{R_1}{R_1+R_2+\cdots+R_n}U, \quad U_2 = \frac{R_2}{R_1+R_2+\cdots+R_n}U\cdots$$

上式称为 串联电路的分压公式。

2.4.2 并联

【并联的概念】 将两个或两个以上的电阻并列地连接在同一电压两端的连接方式，为并联。图 2-23 所示为由三个电阻构成的并联电路及其等效电路。

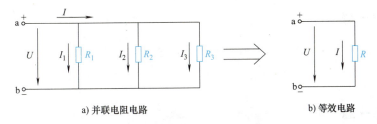

a) 并联电阻电路　　　　b) 等效电路

图 2-23 电阻的并联及其等效电路

【并联电路的特点】

a) 电路中各并联电阻两端的电压相同，即

$$U = U_1 = U_2 = \cdots = U_n$$

b) 电路中的总电流等于各电阻中的电流之和（具有分流功能），即

$$I = I_1 + I_2 + \cdots + I_n$$

c) 电路中的总电阻的倒数等于各并联电阻的倒数和，即

$$\frac{1}{R} = \frac{1}{R_1} + \frac{1}{R_2} + \cdots + \frac{1}{R_n}$$

d) 电路中消耗的总功率等于各个电阻消耗的功率之和；各个电阻消耗的功率与其阻值成反比，即

$$P = P_1 + P_2 + \cdots + P_n; \quad P_1 = \frac{U^2}{R_1}, \quad P_2 = \frac{U^2}{R_2}\cdots$$

e) 电路中各电阻分配到的电流与电阻成反比，即

$$I_1 = \frac{U}{R_1}, \quad I_2 = \frac{U}{R_2}\cdots$$

对两个电阻并联的电路，有

$$I_1 = \frac{R_2}{R_1+R_2}I, \quad I_2 = \frac{R_1}{R_1+R_2}I$$

上式称为 并联电路的分流公式。

2.4.3 混联

【混联的概念】 如图 2-24 所示，电路中电阻元件既有串联又有并联的连接方式，为混联。

【混联电路分析方法】 对于混联电路的计算，只要按串、并联的计算方法，一步步地将电路化简，最后就可以求出总的等效电阻。

混联电路计算的一般步骤是：

a) 对原电路进行等效变换，求出电路的总等效电阻。

b) 由电路的总等效电阻和电路两端的总电压，计算出电路的总电流。

c) 根据电阻串联的分压关系和电阻并联的分流关系，逐步推算出各部分的电压和电流。

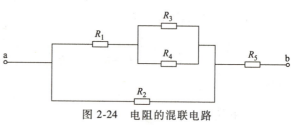

图 2-24 电阻的混联电路

想一想

为何额定电压相同的负载在电路中通常是并联的？

练一练

有额定值为"110V，40W"和"110V，100W"的两盏灯，请同学们利用电阻串并联的特点将它们接入电源为 220V 的电路中，使得它们都能发光。

讨论并设计电路（画出电路图，求出串联或并联的电阻值）

提示：电路设计的前提条件是：_____。

写出两个灯泡的电压_____；电流_____；功率_____。

实践活动

分析教室里的荧光灯之间是串联还是并联，荧光灯与开关之间是串联还是并联，荧光灯与插座之间是串联还是并联。

2.5 电源模型及其相互变换

话题引入

负载的工作需要有电源供给能量，而提供能量的电源有电压源和电流源两种，它们对电压和电流起着控制和变换的作用。为了电路分析的需要，通常将电压源和电流源进行等效变换。

2.5.1 电压源

通常所说的电压源一般是指理想电压源，基本特性是其电动势 E 保持固定不变，内阻为零，但电压源输出的电流却与外电路有关，如图 2-25a 所示。

实际电压源是含有一定内阻 r_0 的电压源，如图 2-25b 所示。

实际电压源是否可以看作理想电压源，由电源的内阻 r_0 和电源的负载 R_L 相比较而定，当负载电阻远大于电源的内阻时，可将实际电压源视为理想电压源。与理想电压源并联的元件，两端的电压等于理想电压源的电压。

2.5.2 电流源

通常所说的电流源一般是指理想电流源，其基本特性是所发出的电流 I_S 固定不变，但电流源的两端电压却与外电路有关，如图 2-26a 所示。

实际电流源是含有一定内阻 r_S 的电流源，如图 2-26b 所示。

当实际电流源的内阻 r_S 远大于负载电阻 R_L 时，可将其视为理想电流源。与理想电流源串联的元件，其电流都等于理想电流源的电流。

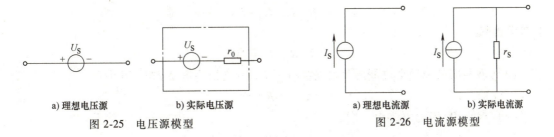

a) 理想电压源　　b) 实际电压源

图 2-25　电压源模型

a) 理想电流源　　b) 实际电流源

图 2-26　电流源模型

2.5.3 两种实际电源模型之间的等效变换

实际电源可用一个理想电压源 U_S 和一个电阻 r_0 串联的电路模型表示，其输出电压 U 与输出电流 I 之间关系为

$$U = U_S - r_0 I$$

实际电源也可用一个理想电流源 I_S 和一个电阻 r_S 并联的电路模型表示，其输出电压 U 与输出电流 I 之间关系为

$$U = r_S I_S - r_S I$$

对外电路来说，实际电压源和实际电流源是相互等效的，等效变换条件是

$$r_0 = r_S, \quad U_S = r_S I_S \quad \text{或} \quad I_S = U_S / r_0$$

[例 2-1] 如图 2-27a 所示电路，已知：$U_{S1} = 12\text{V}$，$U_{S2} = 6\text{V}$，$R_1 = 3\Omega$，$R_2 = 6\Omega$，$R_3 = 10\Omega$，试应用电源等效变换法求电阻 R_3 中的电流。

解：（1）先将两个电压源等效变换成两个电流源，如图 2-27b 所示，两个电流源的电流分别为

$$I_{S1} = U_{S1}/R_1 = 4\text{A}, \quad I_{S2} = U_{S2}/R_2 = 1\text{A}$$

（2）将两个电流源合并为一个电流源，得到最简等效电路，如图 2-27c 所示。等效电流

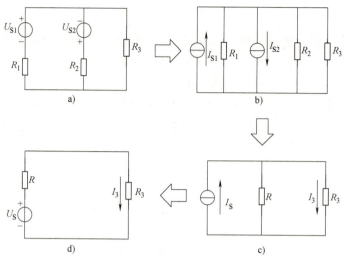

图 2-27 例 2-1 电路图

源的电流

$$I_S = I_{S1} - I_{S2} = 3A$$

其等效内阻为

$$R = R_1 // R_2 = 2\Omega$$

（3）再利用电源模型之间的等效变换将图 2-27c 变换为图 2-27d，其中：

$$U_S = I_S R = 6V$$

（4）求出 R_3 中的电流为

$$I_3 = U_S / (R + R_3) = 0.5A$$

练一练

已知电源电动势 $E = 6V$，内阻 $r_0 = 0.2\Omega$，当接上 $R = 5.8\Omega$ 负载时，分别用电压源模型和电流源模型计算负载消耗的功率和内阻消耗的功率。

2.6 基尔霍夫定律

话题引入

在实际电路中，往往会遇到一些不能用串并联简化的电路，例如图 2-28 所示电路，这就是复杂电路。在复杂电路中，包含多个电源和多个电阻，因而不能直接用欧姆定律求解，必须利用其他定理定律才能求解。

在学习复杂电路的分析前，我们先学习几个有关复杂电路的概念：

【支路】 由一个或几个元件首尾相接构成的一段无分支的电路称为支路。在同一支路内，流过所有元件的电流相等。在图 2-28 中有三条支路，即 bafe、be、bcde 支路。

【节点】 三条或三条以上支路的连接点称为节点，如图 2-28 中 b 点和 e 点。

【回路】 电路中任意一个闭合路径称为回路，图 2-28 中 abefa、bcdeb、abcdefa 都是回路。

【网孔】 内部不含支路的回路称为网孔。图 2-28 中 abefa、bcdeb 为网孔。

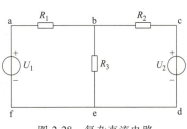

图 2-28　复杂直流电路

2.6.1　基尔霍夫电流定律

基尔霍夫电流定律也称基尔霍夫第一定律或节点电流定律，简称 KCL。此定律说明了连接在同一节点上的几条支路中电流之间的关系，其内容为：在任一瞬间，流入任一节点的电流之和恒等于流出这个节点的电流之和，即

$$\sum I_{入} = \sum I_{出} \tag{2-11}$$

例如图 2-29 所示电路，有五条支路汇聚于 A 点，其中 I_1 和 I_3 是流入节点的，I_2、I_4 和 I_5 是流出节点的，于是可得

$$I_1 + I_3 = I_2 + I_4 + I_5$$

或

$$I_1 + I_3 - I_2 - I_4 - I_5 = 0$$

因此，如果我们规定流入节点的电流为正，流出节点的电流为负，那么，基尔霍夫电流定律内容也可叙述为：对于电路中任意一个节点，电流的代数和恒等于零，即

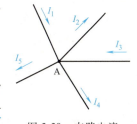

图 2-29　支路电流

$$\sum I = 0 \tag{2-12}$$

注意：应用基尔霍夫电流定律时必须先假设电流的参考方向，若求出电流为负值，则说明该电流实际方向与假设的参考方向相反。

列节点电流方程的步骤：

① 找出节点。
② 假设电流方向。
③ 根据 KCL，列出节点电流约束方程。
④ 说明正负号代表的意义。

2.6.2　基尔霍夫电压定律

基尔霍夫电压定律也称基尔霍夫第二定律或回路电压定律，简称 KVL，其内容为：对于电路中的任一回路，沿回路绕行方向的各段电压的代数和等于零，其表达式为

$$\sum U = 0 \tag{2-13}$$

符号的规定：

1) 电源：正极指向负极的方向与循环方向一致，取"+"号；正极指向负极的方向与循环方向不一致，取"−"号。

2) 电阻：电流 I 的参考方向与循环方向一致，电阻上的压降 IR 取"+"号；电流 I 的参考方向与循环方向不一致，电阻上的压降 IR 取"-"号。

例如图 2-30 所示电路中，回路 cadbc 中各段电压、电流的参考方向均已标出。从 c 点开始沿顺时针方向绕行一周回到 c 点时，c 点的电位数值不变。也就是说，从一点出发绕回路一周回到该点时，各部分电压的代数和等于零。按照环线所示的回路参考方向可列出下列方程：

$$U_1 + U_2 + U_3 + U_4 = 0$$

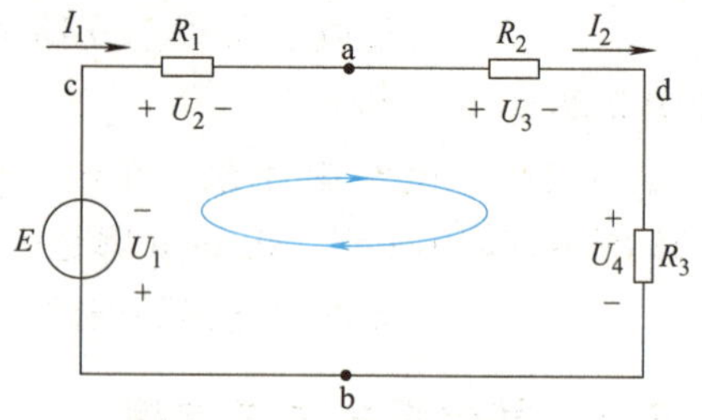

基尔霍夫电压定律的内容又可叙述为在任一闭合回路中，各个电阻上电压的代数和等于各个电动势的代数和，即

$$\sum IR = \sum E \qquad (2-14)$$

图 2-30 电路举例

列回路电压方程的步骤：
① 先假设回路的绕行方向。可顺时针，也可逆时针。
② 确定各段电压的参考方向。
③ 凡是参考方向与绕行方向一致的电压取"+"，反之取"-"。
④ 电阻上电压的大小等于该电阻的阻值与流经该电阻电流的乘积。
⑤ 沿回路绕行一周，列出 KVL 方程。

2.6.3 基尔霍夫定律的应用

基尔霍夫定律最重要的应用就是利用支路电流法求解复杂电路中的电压与电流。所谓支路电流法就是以各支路电流为未知量，应用基尔霍夫电流定律和基尔霍夫电压定律列出方程组联立求解各支路电流的方法。

支路电流法解题步骤如下：
1) 任意标出各支路电流的参考方向和网孔的绕行方向（如图 2-31a 所示）。
2) 根据基尔霍夫电流定律列节点电流方程，对于节点 A 有：

$$I_1 + I_2 = I_3$$

3) 根据基尔霍夫电压定律列独立的回路电压方程。一般选择网孔来列方程，例如，

网孔 I：$I_1 R_1 - I_2 R_2 = E_1 - E_2$；

网孔 II：$I_2 R_2 + I_3 R_3 = E_2$

4) 联立方程组，求解。

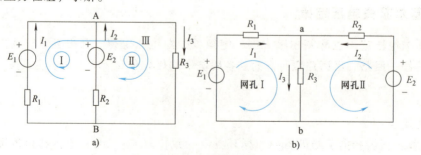

图 2-31 支路电流法

[例2-2] 如图2-31b所示电路,已知:$E_1 = 70V$,$E_2 = 45V$,$R_1 = 20\Omega$,$R_2 = 5\Omega$,$R_3 = 6\Omega$,求各支路电流。

解:节点个数 $n = 2$,支路条数 $b = 3$

对节点 b 有:$I_3 = I_1 + I_2$,即 $I_1 + I_2 - I_3 = 0$

对于网孔 Ⅰ,按顺时针循环一周,根据电压和电流的参考方向可列出:
$$R_1 I_1 + R_3 I_3 - E_1 = 0$$

对于网孔 Ⅱ,按逆时针循环一周,根据电压和电流的参考方向可列出:
$$R_2 I_2 + R_3 I_3 - E_2 = 0$$

3个方程联立求解:$\begin{cases} I_1 + I_2 - I_3 = 0 \\ 20I_1 + 6I_3 = 70 \\ 5I_2 + 6I_3 = 45 \end{cases}$

解得:$\begin{cases} I_1 = 2A \\ I_2 = 3A \\ I_3 = 5A \end{cases}$

练一练

电路如图2-31a所示,已知 $R_1 = R_2 = 0.2\Omega$,$R_3 = 3.2\Omega$,$E_1 = 7V$,$E_2 = 6.2V$,求电流 $I_1 = $ _____ A、$I_2 = $ _____ A、$I_3 = $ _____ A。

2.7 叠加定理

话题引入

复杂电路的分析方法有很多种,但把一个复杂电路的分析计算变为简单电路的分析计算,用叠加定理就可以实现。

2.7.1 叠加定理有关概念

【线性电路】 电路中的元件都是线性元件,通过电路元件中的电流和加在元件两端的电压成正比变化,这样的电路定义为线性电路。

【叠加定理】 当线性电路中有几个电源共同作用时,各支路的电流(或电压)等于各个电源分别单独作用时在该支路产生的电流(或电压)的代数和(叠加)。

2.7.2 叠加定理的应用

1)叠加定理只能用于计算线性电路(即电路中的元件均为线性元件)的支路电流或电压(不能直接进行功率的叠加计算)。

2)电压源不作用时应视为短路,电流源不作用时应视为开路。

3）叠加时要注意电流或电压的参考方向，正确选取各分量的正负号。

叠加定理体现了线性电路的基本特性，是线性电路分析中的一个重要定理，先以图 2-32 所示为例，对叠加定理进行说明。

[例 2-3] 如图 2-32a 所示电路，已知 $E_1 = 17V$，$E_2 = 17V$，$R_1 = 2\Omega$，$R_2 = 1\Omega$，$R_3 = 5\Omega$，试应用叠加定理求各支路电流 I_1、I_2、I_3。

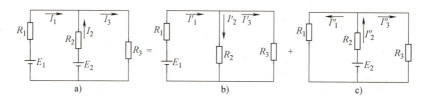

图 2-32 例 2-3 电路图

解：（1）当电源 E_1 单独作用时，视为将 E_2 短路，如图 2-32b 所示，设

$$R_{23} = R_2 /\!/ R_3 = 0.83\Omega$$

$$I_1' = \frac{E_1}{R_1 + R_{23}} = 6A$$

则

$$I_2' = \frac{R_3}{R_2 + R_3} I_1' = 5A$$

$$I_3' = \frac{R_2}{R_2 + R_3} I_1' = 1A$$

（2）当电源 E_2 单独作用时，视为将 E_1 短路，如图 2-32c 所示，设

$$R_{13} = R_1 /\!/ R_3 = 1.43\Omega$$

$$I_2'' = \frac{E_2}{R_2 + R_{13}} = 7A$$

则

$$I_1'' = \frac{R_3}{R_1 + R_3} I_2'' = 5A$$

$$I_3'' = \frac{R_1}{R_1 + R_3} I_2'' = 2A$$

（3）当电源 E_1、E_2 共同作用时（叠加），若各电流分量与原电路电流参考方向相同，在电流分量前面选取"+"号，反之，则选取"－"号：

$$I_1 = I_1' - I_1'' = 1A, \quad I_2 = -I_2' + I_2'' = 1A, \quad I_3 = I_3' + I_3'' = 3A$$

 想一想

电压和电流可以应用叠加定理进行分析和计算，功率为什么不行？

2.8 戴维南定理

话题引入

对于一个复杂电路，有时候我们只需要求出某一条支路上的电流，应用戴维南定理解决此类问题时有突出的优越性。

2.8.1 二端网络的有关概念

【二端网络】 具有两个引出端与外电路相连的网络。
【无源二端网络】 内部不含有电源的二端网络。
【有源二端网络】 内部含有电源的二端网络。

2.8.2 戴维南定理的内容

戴维南定理的内容：任何一个线性有源二端网络，对外电路来说，总可以用一个电压源 E_0 与一个电阻 r_0 相串联的模型来替代，电压源的电动势 E_0 等于该二端网络的开路电压，电阻 r_0 等于该二端网络中所有电源不作用时（即令电压源短路、电流源开路）的等效电阻（叫作该二端网络的等效内阻）。该定理又叫作等效电压源定理。

戴维南定理给计算复杂电路带来了极大的方便，通过下面的例题来分析戴维南定理的应用。

[例 2-4] 图 2-33a 所示电路中，已知 $E_1 = 7\text{V}$，$E_2 = 6.2\text{V}$，$R_1 = R_2 = 0.2\Omega$，$R = 3.2\Omega$，试应用戴维南定理求电阻 R 中的电流 I。

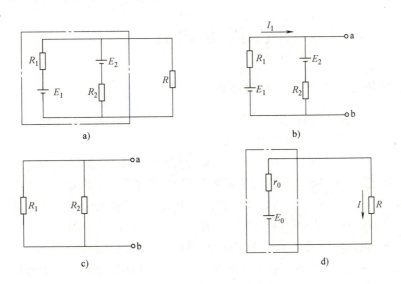

图 2-33 例 2-4 电路图

解:(1)将 R 所在支路开路去掉,如图 2-33b 所示,求此二端网络的开路电压 U_{ab}:

$$I_1 = \frac{E_1 - E_2}{R_1 + R_2} = 2\text{A}, \quad U_{ab} = E_2 + R_2 I_1 = 6.6\text{V} = E_0$$

(2)将电压源短路接,如图 2-33c 所示,求等效电阻 R_{ab}:

$$R_{ab} = R_1 /\!/ R_2 = 0.1\Omega = r_0$$

(3)画出戴维南等效电路,如图 2-33d 所示,求电阻 R 中的电流 I:

$$I = \frac{E_0}{r_0 + R} = 2\text{A}$$

练一练

图 2-34 所示的电路中,已知 $E = 8\text{V}$,$R_1 = 3\Omega$,$R_2 = 5\Omega$,$R_3 = R_4 = 4\Omega$,$R_5 = 0.125\Omega$,试应用戴维南定理求电阻 R_5 中的电流 $I_5 = $ _____。

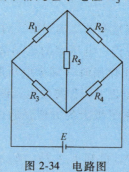

图 2-34 电路图

技 能 训 练

技能训练指导 2-1 数字万用表的使用

数字万用表具有测量准确度高、显示直观、功能全、可靠性好、小巧轻便以及便于操作等优点。下面介绍数字万用表的使用方法。

图 2-35 所示为数字万用表的面板图,下面介绍它的基本使用方法。

1)测量交、直流电压时,红、黑表笔分别接"V·Ω"与"COM"插孔,旋动量程选择开关至"AC V"或"DC V"中合适位置,两表笔并接于被测电路。此时显示屏显示出被测电压数值。若显示屏只显示最高位"1",表示溢出,应将量程调高。

2)测量直流电流时(若电流小于 200mA,红、黑表笔分别插入"mA"与"COM"插孔,若电流大于 200mA,红黑表笔分别插入"A"与"COM"插孔,量程选择开关也应拨至"10A"档),将两表笔串接于被测回路,显示屏所显示的数值即为被测电流的大小。

3)测量电阻时,将红、黑表笔分别插入"V·Ω"与"COM"插孔,旋动量程选择开

第 2 章 直流电路

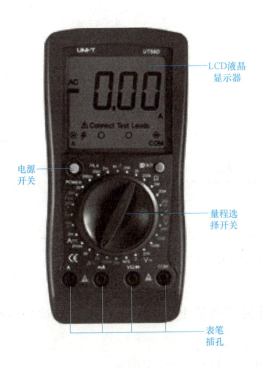

图 2-35 数字万用表面板结构

关至"Ω"档中合适位置，将两表笔跨接在被测电阻两端（不得带电测量！），显示屏所显示数值即为被测电阻的数值。

4）测量电容时，将被测电容插入电容插座，旋动量程选择开关至合适位置，显示屏所示数值即为被测电容的电容量。

其他功能详见使用说明书。

> **提示**
> 1）当显示屏出现"LOBAT"或"←"时，表明电池电压不足，应予更换。
> 2）若测量电流时，没有读数，应检查熔丝是否熔断。
> 3）测量完毕，应关上电源并将量程选择开关旋到交流电压最高档；若长期不用，应将电池取出。
> 4）不宜在日光及高温、高湿环境下使用与存放（工作温度为 0~40℃，湿度为 80%）。使用时应轻拿轻放。

技能训练指导 2-2　电阻器的阻值标注法

【数字标志法】　如图 2-36 所示，这种标注法是直接将标称电阻值和允许偏差标注在电阻器上。

【色环标志法】　如图 2-37 所示，这种方法是用不同颜色的色环表示电阻器的标称电阻值和允许偏差。表 2-2 为色环电阻各种颜色的定义。

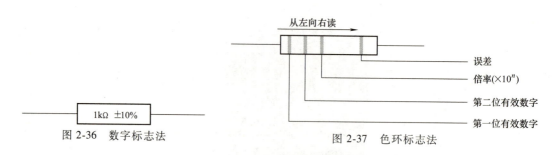

图 2-36 数字标志法　　　　　图 2-37 色环标志法

表 2-2 电阻色环颜色代表数字（倍率）

颜色	黑	棕	红	橙	黄	绿	蓝	紫	灰	白	金	银
数字	0	1	2	3	4	5	6	7	8	9		
倍率	10^0	10^1	10^2	10^3	10^4	10^5	10^6	10^7	10^8	10^9	±5%	±10%

除四色环外，精度更高的电阻用五色环表示。从左到右，前三环表示有效数字，第四环表示倍数，第五环表示误差。

技能训练项目 2-1　使用万用表测量电流、电压、电位和电阻

【实训目的】

1）加深对电流、电压、电位和电阻定义的理解。

2）学会使用万用表测量直流电流、电压和电位。

3）学会识读电阻元件，并会用万用表测量其阻值。

【实训器材】

10V 直流电源，万用表一块，20Ω、30Ω、50Ω 电阻各一只，色环电阻若干，开关一只，电工工具若干，导线若干。

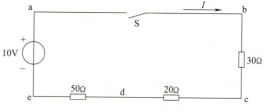

图 2-38 电路原理图

【实训内容及步骤】

1）测电流、电压和电位：电路图如图 2-38 所示，实物连接图及操作要点见表 2-3，将测量结果填入表 2-4 中。

表 2-3　测电流、电压和电位

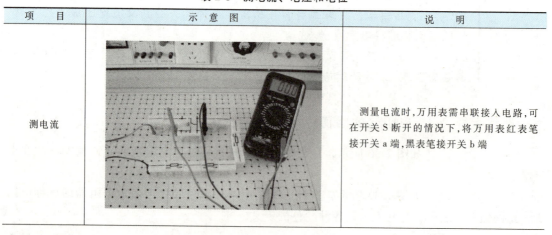

项目	示意图	说明
测电流		测量电流时，万用表需串联接入电路，可在开关 S 断开的情况下，将万用表红表笔接开关 a 端，黑表笔接开关 b 端

（续）

项 目	示 意 图	说 明
测电压	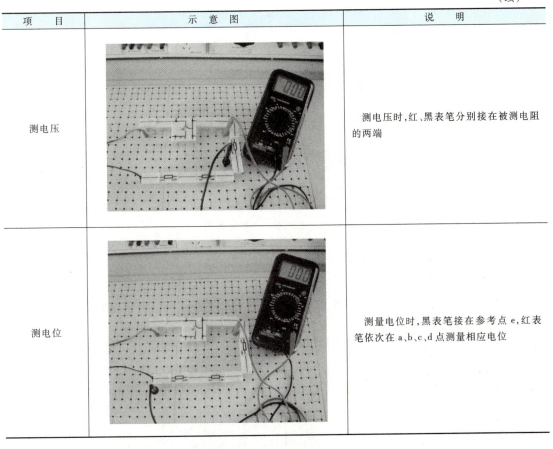	测电压时，红、黑表笔分别接在被测电阻的两端
测电位		测量电位时，黑表笔接在参考点 e，红表笔依次在 a、b、c、d 点测量相应电位

表 2-4 电压、电流和电位的测量

项 目	I/mA	U_{ac}/V	U_{cd}/V	U_{de}/V	V_a/V	V_b/V	V_c/V	V_d/V
理论计算值								
实际测量值								

2）识读并测量电阻：根据电阻色环标记，读出电阻标称阻值及允许偏差，并按图 2-39 所示实物连接图用万用表测量其实际阻值，将结果记入表 2-5 中。

表 2-5 电阻的识读与检测

序 号	色环标记	标称阻值	允许偏差	测 量 值

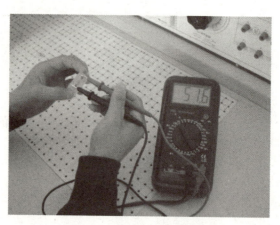

图 2-39 电阻测量实物连接图

【注意事项】

1)技能训练过程中,切忌出现短路故障。

2)用万用表测量电压、电流和电位时,档位一定要选择正确,否则可能损坏万用表。

【自评互评】

姓名			互评人			
项目	考核要求	配分	评分标准		自评分	互评分
元器件的识别与检测	正确识读并检测电阻	10	识读、检测,错误,每处扣1分			
搭接电路	电路搭接正确	30	搭接错误,视情况扣2~5分,如出现短路故障,扣10分			
万用表的使用	正确使用万用表	30	万用表使用错误,每处扣1分			
电流、电压电位的测量	正确测量电流、电压、电位	20	测量错误,每处扣3分			
安全文明操作	工作台上工具摆放整齐,严格遵守安全操作规程,符合"6S"管理要求	10	违反安全操作、工作台上脏乱、不符合"6S"管理要求,酌情扣3~10分			
合计		100				

学生交流改进总结:

教师签名:

【思考与讨论】

1)验证电压与电位的测量数据是否满足 $U_{ac} = V_a - V_c$。

2)验证电压与电流的测量数据是否满足欧姆定律。

3)分析在测量过程中,误差产生的原因。

思考与练习

2-1 任何一个完整的电路都必须有_____、_____、_____、_____ 4 个基本组成部分。

2-2 电路有_____、_____、_____ 3 种工作状态。

2-3 如果把 8 个 80Ω 的电阻并联,则其等效电阻 R = _____。

2-4 自行车前灯的电压为 6V、电流为 450mA,这个灯的电阻是_____。

2-5 1 度电价为 0.5 元,用一只 220V/300W 的灯泡照明 10h,需付电费_____元。

2-6 电源向负载提供最大功率的条件是_____与_____的数值相等,这种情况称为电源与负载相_____,此时负载上获得的最大功率为_____。

2-7 已知电路中 A 点对地的电位是 65V,B 点对地的电位是 35V,则 U_{BA} = _____。

A. 100V B. -30V C. 30V D. -100V

2-8 计算图 2-40 所示电路中 A、B 点的电位。

2-9 在图 2-41 所示的并联电路中,求等效电阻 R、总电流 I、各负载电阻上的电压、各负载电阻中的电流。

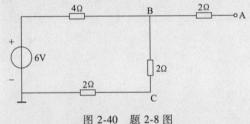

图 2-40 题 2-8 图

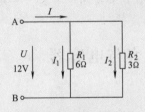

图 2-41 题 2-9 图

2-10 你知道欧姆是怎样发现欧姆定律的吗?请在网上搜索相关视频资料。

2-11 你能正确使用万用表吗?请上网搜索相关操作指导视频资料。

2-12 何谓二端网络、有源二端网络、无源二端网络?对有源二端网络除源时应遵循什么原则?

2-13 分别用叠加定理和戴维南定理求解图 2-42 电路中的电流 I_3。设 U_{S1} = 30V,U_{S2} = 40V,R_1 = 4Ω,R_2 = 5Ω,R_3 = 2Ω。

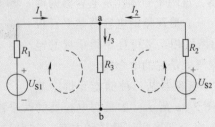

图 2-42 题 2-13 图

第3章 电容与电感

知识目标

1. 了解电容及电感的概念。
2. 能识别常用电容器、电感器。
3. 了解电容器、电感器的主要参数及标注。
4. 了解电容器、电感器的主要应用。

技能目标

1. 能识读和检测电容器,并判断其好坏。
2. 能识读和检测电感器,并判断其好坏。

3.1 电容与电容器

话题引入

在电路板上,有一类元件非常醒目,那就是"电容",例如图3-1线框中的元件就是电容。电容几乎在任何电路板中都能见到,那么它们究竟是做什么用的呢?本节我们就来学习电容的相关知识。

3.1.1 电容器

【电容器的结构】 任何两个彼此绝缘而又相隔很近的导体都可以看成是一个电容器,这两个导体就是电容器的两极,中间的绝缘物质称为电介质。最简单的电容器是平行板电容器,如图3-2所示,它由两块相互平行且靠得很近的绝缘金属板组成,两板之间的空气就是它的电介质。

图3-1 计算机主板上的电容

【电容器的充放电特性】 电容器是一种储能元件,基本作用就是充电与放电。如图3-3a所示,如果将电容器的两个极板分别接到直流电源的正、负极上,则A、B两个极板上将分别聚集等量异种电荷,其中与电源正极相连的A极板带正电荷,与电源负极相连的B极板带负电荷,这种使电容器储存电荷的过程叫作充电。

充电后的电容器用一根导线把两极短接,如图3-3b所示,两极板上所带的正、负电荷就会互相中和，电容器不再带电，这种使电容器失去电荷的过程叫作放电，放电后，电容器的两极板上将不再带电。

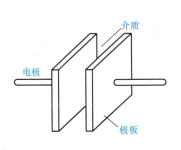

图 3-2 平行板电容器的结构

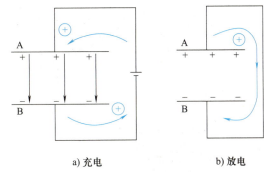

图 3-3 电容器的充电和放电

想一想

电容器在充电时应视为通路、短路还是断路？在充完电以后应视为通路、短路还是断路？

3.1.2 电容的概念

实验证明，对于同一个电容器，加在两极板之间的电压越高，极板上所带的电量越多，但电量与电压的比值却是一个常数，而不同的电容器这个比值一般是不一样的。所以，可以用电容器所带电量与它的两极板之间的电压比值表征电容器的特性，我们把这个比值就叫作电容器的电容，用符号 C 来表示。

如果用 Q 表示电容器所带电荷量，U 表示两极板间的电压，那么

$$C = \frac{Q}{U} \tag{3-1}$$

式中，Q 的单位是 C；U 的单位是 V；C 的单位是法［拉］（F）。

在实际使用中，通常电容器的电容都较小，F 单位太大，故常用较小的电容单位：微法（μF）和皮法（pF），它们之间的换算关系是：

$$1F = 10^6 \mu F = 10^{12} pF$$

> **提示** 电容的大小与外界条件和电容器是否带电无关，它是电容器的固有特性。习惯上，往往将电容器也称作电容，这样，电容一词既表示了一个物理量，又是一种电子元件的名称。电容是储能元件，表征电路中电场能储存情况。

3.1.3 电容器的分类

电容器的种类很多，按结构可分为固定电容器、可变电容器和微调电容器；按电介质材料的不同可分为电解电容器、涤纶电容器、瓷介电容器、云母电容器、纸介电容器等。常见电容器的外形如图 3-4 所示。在电路中各类电容器统一用文字符号 C 表示，相应的电容器图

形符号如图 3-5 所示。

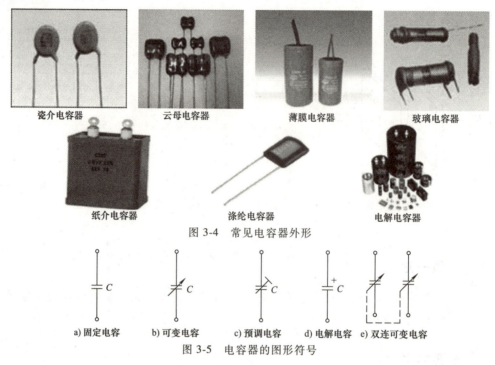

图 3-4　常见电容器外形

图 3-5　电容器的图形符号

3.1.4　电容器的主要参数

1. 标称容量和允许偏差

【标称容量】　电容器上所标明的电容值称为标称容量。

【允许偏差】　电容器实际电容量与标称电容量在允许范围内的误差称为允许偏差，也就是电容器的准确度等级，分别用 B（±0.1%）、C（±0.25%）、D（±0.5%）、F（±1%）、G（±2%）、J（±5%）、K（±10%）、M（±20%）和 N（±30%）表示。

2. 额定直流工作电压（耐压）

电容器在规定的工作温度范围内，长期连续可靠地工作而不被击穿，所能承受的最大直流电压，称为电容器的额定直流工作电压，也称电容的耐压。电容器常见的耐压有 6.3V、10V、16V、25V、50V、63V、100V、250V、400V、500V、630V、1000V 等。

3.2　电感与电感器

话题引入

找一些绝缘导线（例如漆包线、纱包线等），在铅笔或其他圆柱形物体上一圈靠一圈地绕制成线圈，再把铅笔抽出来，得到的就是最简单的电感器，如图 3-6 所示。

3.2.1 电感的概念

在图 3-6 所示电感器中通入电流,这一电流使每匝线圈所产生的磁通称为自感磁通。当同一电流通过结构不同的线圈时,所产生的自感磁通量各不相同。为了衡量不同线圈产生自感磁通的能力,引入自感系数(简称电感)这一物理量,用符号 L 表示。它在数值上等于一个线圈中通过单位电流所产生的自感磁通,即

$$L = \frac{N\Phi}{I} \quad (3\text{-}2)$$

图 3-6 电感线圈

式中,$N\Phi$ 为 N 匝线圈的总磁通,Φ 的单位是韦[伯](Wb);I 的单位是 A;L 的单位是亨[利](H)。

实际应用中 H 太大,常用毫亨(mH)和微亨(μH)表示:

$$1H = 10^3 mH = 10^6 \mu H$$

> **提示** 电感是电感器的固有特性,它的大小与外界条件以及电感器是否通电无关。习惯上,往往也将电感器称为电感,这样,电感一词也在表示一个物理量的同时,又是一种电子元件的名称,电感也是储能元件,表征电路中磁场能储存情况。

3.2.2 电感器的分类

电感器的种类繁多,按有无磁心总体上分为空心线圈(即线圈中间不另加介质材料)和铁心线圈(即电感器中有铁心或磁心)两大类,常见电感器的外形如图 3-7 所示。在电路中,电感器统一用文字符号 L 表示,图形符号如图 3-8 所示。

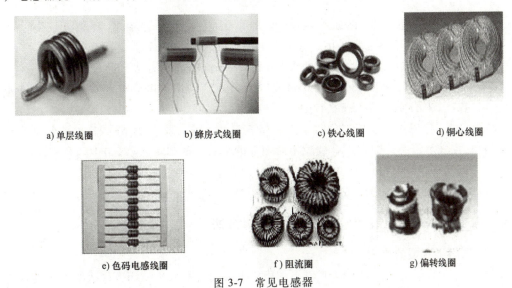

图 3-7 常见电感器

3.2.3 电感器的主要参数

【电感量 L】 电感量 L 是电感线圈的一个重要参数,它与线圈的匝数、截面积和磁心的

材料有关。

【品质因数 Q】 品质因数 Q 反映了电感器储能与耗能之比。Q 值越高，说明电感线圈的功率损耗越小，效率越高，即品质越好。

【额定电流】 电感器正常工作时允许通过的最大电流值。

a) 空心电感器　　b) 带铁心电感器

图 3-8　电感器的图形符号

小知识

"内有高压电非专业人士请勿开启"

为什么我们经常在一些家用电器产品上看到"内有高压电非专业人士请勿开启"的字样呢？这是因为在一些电器产品中存在大容量电容作为储能元件，即使是关掉电源，在其内部高电压也不会立即消失，所以没有维修经验的人不能擅自开启，以免被电击。图 3-9 所示为高压危险标记。

图 3-9　高压危险标记

技 能 训 练

技能训练指导 3-1　电容器的容量标注方法

【直标法】 将电容器的标称容量和允许偏差直接标注在电容体上，如：0.22（1±10%）μF。有些电容器也常采用"R"表示小数点，如 R47μF 就表示 0.47μF。

【数字表示法】 数字表示法是只标数字而不标单位的表示方法，此种方法只适用于 pF 和 μF 两种单位。如 3、47、6800、0.01 分别表示 3pF、47pF、6800pF 和 0.01μF。对于电解电容，1、47、220 分别表示 1μF、47μF、220μF。

【数码法】 数码法一般用三位数字来表示容量的大小，单位为 pF。其中前两位为有效数字，后一位表示倍率，即表示有效数字后面零的个数。如 224 表示 $22×10^4$ pF = 220000pF = 0.22μF，473 表示 $47×10^3$ pF = 0.047μF。

【色标法】 色标法用色环或色点表示电容器的电容量，标法与电阻相同，单位为 pF。

技能训练指导 3-2　电容器、电感器的检测方法

1. 非电解电容器的检测

【10pF 以下的小电容】 因 10pF 以下的固定电容器容量太小，用万用表只能定性地检查其是否有漏电、内部短路或击穿现象。检测时，可选用万用表 R×10k 档，红、黑表笔分别接电容的两个引脚，阻值应为无穷大。若测出阻值为零，则说明电容漏电损坏或内部击穿。

【10pF～0.01μF 之间的电容器】 选用万用表 R×10k 档，用红、黑表笔反复调换接触被测电容两个引脚，观察有无充放电现象（即万用表指针有无摆动），从而判断电容器的好坏。

【0.01μF 以上的固定电容】 用万用表的 R×10k 档直接测试电容器有无充电过程以及有无内部短路或漏电,并可根据指针向右摆动的幅度大小估计出电容器的容量。

2. 电解电容器的检测

因为电解电容的容量一般较大,所以,测量时应针对不同容量选用合适的量程。根据经验,一般情况下,1~47μF 的电容,可用 R×1k 档测量,大于 47μF 的电容可用 R×100 档测量。

检测时将万用表红表笔接负极,黑表笔接正极,万用表指针向右迅速摆动后很快回落,将电容器两引脚短接放电,调换表笔再测。在测试中,若正向、反向均无充电的现象,即表针不动,则说明容量消失或内部断路;如果所测阻值很小或为零,说明电容漏电大或已击穿损坏。以上两种情况电容都不能再使用。

3. 电感器的检测

电感器的直流电阻值一般很小,只有几欧,甚至更小,对于匝数较多、线径较细的线圈,其直流电阻会达到几十欧。在用万用表对电感器进行检测时,将万用表置于 R×1 档,红、黑表笔分别接线圈的两根引脚,此时根据测出的阻值大小可分三种情况进行鉴别:

【阻值为零】 说明其内部有短路性故障。

【阻值为无穷大】 说明线圈内部开路。

【有阻值】 只要测出电感线圈的电阻值与上述阻值差不多,而外形、外表颜色又无变化,则可基本上认为被测电感线圈是正常的。

技能训练项目 3-1 电容器、电感器的识别与检测

【实训目标】

1)能识读常见电容器,并会用万用表判别其容量大小与好坏。

2)能识读常见电感器,并会用万用表判别其好坏。

【实训器材】

各类电容器、电感器若干;万用表一只。

【实训内容及步骤】

1)电容器的识别与检测:识别给定电容器的类型、容量及耐压值,并用万用表测量其容量大小、判断好坏,测量步骤见表 3-1,将结果记入表 3-2。

表 3-1 用指针式万用表检测电容器

a)选档

b)选量程

(续)

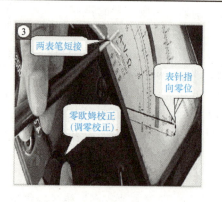	
c）调零	d）测电容好坏
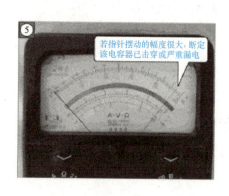	
e）损毁判断一	f）损毁判断二

表 3-2　电容器的识别与检测

序号	电容外形	电容类别	标称容量	耐压值	测量值	好坏判断
1						
2						
3						
4						
5						
6						
7						
8						
9						

2）电感器的识别与检测：识别给定电感器的类型和电感量，并用万用表测量其好坏，将结果记入表 3-3 中。

表 3-3　电感器的识别与检测

序　号	1	2	3	4	5
电感外形					
电感量					
好坏判断					

【注意事项】

1）对于大容量电容器，在测量前应先进行放电，以免损坏仪表。

2）测量时，边测量边观察万用表的表盘。

【自评互评】

姓名			互评人			
项　　目	考 核 要 求	配分	评 分 标 准		自评分	互评分
电容器的识别	正确识别电容器的类别、容量及耐压值	15	识别错误，每处扣 1 分			
电容器检测	正确测量电容容量，并判断好坏	25	测量错误，每处扣 3 分			
电感器的识别	正确识别电感器的类别及电感量	10	识别错误，每处扣 1 分			
电感器检测	正确测量电感量，并判断好坏	20	测量错误，每处扣 3 分			
万用表的使用	正确使用万用表	20	万用表使用错误，每处扣 1 分			
安全文明操作	工作台上工具摆放整齐，严格遵守安全操作规程，符合"6S"管理要求	10	违反安全操作、工作台上脏乱、不符合"6S"管理要求，酌情扣 3～10 分			
合　　计		100				

学生交流改进总结：

教师签名：

【思考与讨论】

1）用数字万用表如何检测电容呢？

2）用万用表检测电感的方法与检测电容的方法相同吗？

思考与练习

3-1　电容的单位有_____、_____、_____，它们之间的换算关系是_____。

3-2　图 3-10 为电容器 C 与 6V 电源连接成的电路。当开关 S 与 1 接通时，电容器 A 板带_____电，B 板带_____电，这一过程称为电容器的_____。电路稳定后，两板间的电位差为_____。当 S 与 2 接通时，这就是电容器的_____过程。

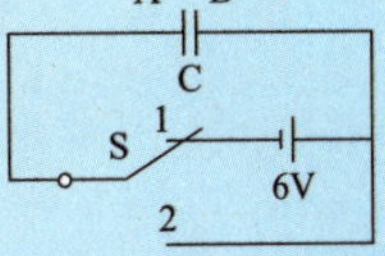

3-3　电感线圈根据线圈类型可分为_____和_____。

图 3-10　题 3-2 图

3-4 电容的标注方法有_____法、_____法和_____法。

3-5 关于电容器，下列说法正确的是（　　）。

A. 由 $C=\dfrac{Q}{U}$ 可知，一只电容器带电量越大，它的电容就越大

B. 对一固定的电容器，它的带电量跟它两极板间所加电压的比值保持不变

C. 电容器的带电量 Q 为两极板所带电荷量的总和

D. 两个相互靠近又彼此绝缘的导体就构成一个电容器

3-6 图 3-11 所示电路中，已知 $U=10\text{V}$，$R_1=40\Omega$，$R_2=60\Omega$，$C=10\mu\text{F}$，求电容器极板上所带的电荷量。

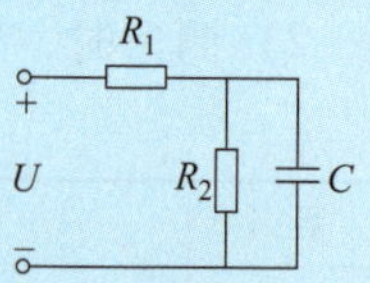

3-7 你会检测电容器的好坏吗？请在网上搜索相关视频。

3-8 你会检测电感器的好坏吗？请在网上搜索相关视频。

图 3-11 题 3-6 图

*第4章　磁场及电磁感应

知识目标

1. 理解磁场的基本概念及其基本物理量。
2. 了解直线电流、环形电流以及螺线管电流的磁场。
3. 会分析通电导体在磁场中受力的方向。
4. 理解电磁感应现象及定律。
5. 理解楞次定律。

技能目标

1. 会判断通电导体周围的磁场方向。
2. 会判断载流导体在磁场中所受的力。
3. 能正确使用右手定则判断感应电流方向。

4.1 磁场

话题引入

图4-1所示指南针是我国古代四大发明之一。地球是个大磁体，指南针在地球的磁场作用下，磁针的N极始终指向地理的北极。利用磁针的这一性质可以辨别方向，常用于航海、大地测量、旅行及军事等领域。

4.1.1 磁场的基本概念

【磁体】　具有磁性的物质称为磁体，磁体可分为天然磁体（如吸铁石）和人造磁体两大类。常见的人造磁体有条形、蹄形和针形等，如图4-2所示。

任何一个磁体都有两个磁极，即N极和S极。磁极之间的相互作用力表现为同极性互相排斥，异极性互相吸引，如图4-3所示。指南针就是利用磁体的这种性质制作的。

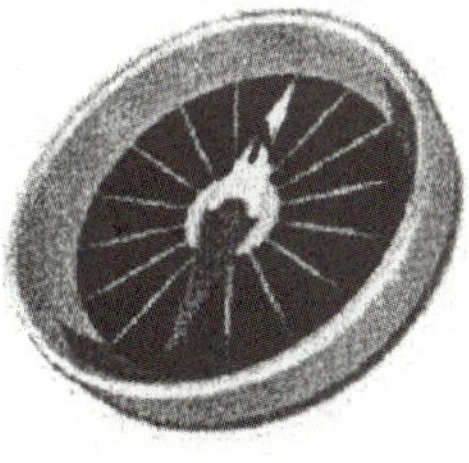

【磁场与磁感应线】　磁体之间相互吸引或排斥的力称为磁力。磁体周围存在磁力作用的区域称为磁场。在磁场中可以利用磁感应线来形象地表示各点的磁场方向，如图4-4所示。

图4-1　指南针

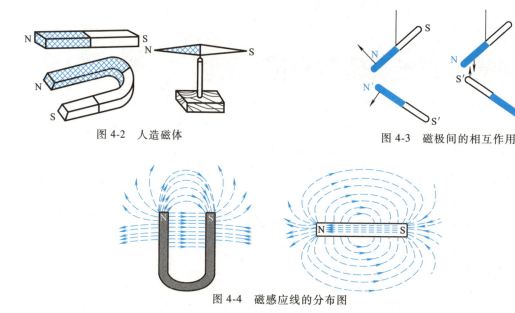

图 4-2 人造磁体

图 4-3 磁极间的相互作用

图 4-4 磁感应线的分布图

磁感应线具有以下特征：

◆ 磁感应线是互不交叉的闭合曲线，在磁体外部由 N 极指向 S 极，在磁体内部由 S 极指向 N 极；

◆ 磁感应线上任意一点的切线方向，就是该点的磁场方向；

◆ 磁感应线的疏密程度反映了磁场的强弱，磁感应线越密表示磁场越强。

【磁通】 把垂直穿过磁场中某一截面的磁感应线条数称为磁通，用字母 Φ 表示，单位为韦伯（Wb），简称韦。它反映了磁场中这一截面上磁场的强弱。

【磁感应强度】 单位面积上垂直穿过的磁感应线数，称为磁感应强度，用字母 B 来表示，如图 4-5 所示。在匀强磁场中，磁感应强度可表示为

$$B = \frac{\Phi}{S}$$ (4-1)

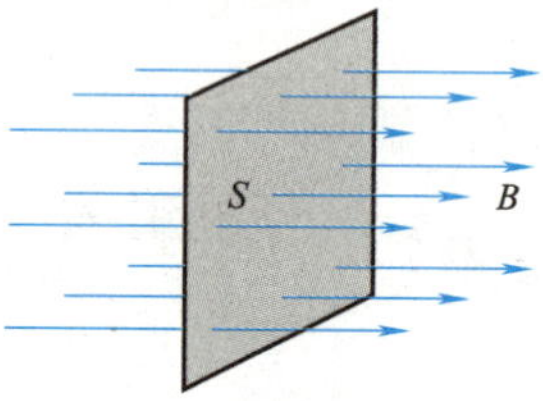

图 4-5 磁感应强度

式中，B 表示磁感应强度，单位是特［斯拉］（T）；Φ 表示磁通量（Wb）；S 表示与磁场方向垂直的平面面积（m²）。

若磁场中各点磁感应强度的大小和方向相同，这种磁场就称为匀强磁场。

【磁导率】 磁导率 μ 是用来表示物质导磁性能强弱的物理量，单位是亨利/米（H/m）。不同的物质磁导率不同。在相同的条件下，μ 值越大，磁感应强度 B 越大，磁场越强；μ 值越小，磁感应强度 B 越小，磁场越弱。

真空中的磁导率是一个常数，用 μ_0 表示，$\mu_0 = 4\pi \times 10^{-7}\,\mathrm{H/m}$。

为便于对各种物质的导磁性能进行比较，以真空磁导率 μ_0 为基准，将其他物质的磁导率 μ 与 μ_0 比较，其比值叫相对磁导率，用 μ_r 表示，即

$$\mu_r = \frac{\mu}{\mu_0}$$ (4-2)

根据相对磁导率 μ_r 的大小，可将物质分为三类：

（1）顺磁性物质　μ_r 略大于1，如空气、氧、锡、铝、铅等物质都是顺磁性物质。在磁场中放置顺磁性物质，磁感应强度 B 略有增加。

（2）反磁性物质　μ_r 略小于1，如氢、铜、石墨、银、锌等物质都是反磁性物质，又叫作抗磁性物质。在磁场中放置反磁性物质，磁感应强度 B 略有减小。

（3）铁磁性物质　$\mu_r \gg 1$，且不是常数，如铁、钢、铸铁、镍、钴等物质都是铁磁性物质。在磁场中放入铁磁性物质，可使磁感应强度 B 增加几千甚至几万倍。

【磁场强度】　在各向同性的媒介质中，某点的磁感应强度 B 与磁导率 μ 之比，记作 H，即

$$H = \frac{B}{\mu}$$

$$B = \mu H = \mu_0 \mu_r H \tag{4-3}$$

磁场强度 H 也是矢量，其方向与磁感应强度 B 同向，国际单位是安培/米（A/m）。

必须注意：磁场中各点的磁场强度 H 的大小只与产生磁场的电流 I 的大小和导体的形状有关，与磁介质的性质无关。

> **提示**
>
> **铁磁性物质**
>
> 铁磁性是指有些材料（如铁、钴、镍）在外部磁场作用下获得磁性后，外部磁场消失后依然保持其磁性的现象。所有永久磁铁以及能被磁铁吸引的金属均具有铁磁性或亚铁磁性。

小知识

大型电磁铁的应用

钢厂都采用大型电磁铁搬运钢材料，如图4-6所示。电磁铁工作时，电源及控制设备向电磁铁供给直流电，电磁铁内部产生强大磁场，通过壳体磁路和工作气隙对被吸物产生强大磁力而达到搬运物料的目的。

图4-6　钢厂中的电磁铁

4.1.2　电流的磁场

放在导线旁边的小磁针，当导线通电时会发生偏转，如图4-7所示。这说明电流也能产生磁场，这种现象称为电流的磁效应。

电流所产生磁场的方向可用右手螺旋定则来判定。

【通电直导线周围的磁场】

如图4-8a所示，通电直导线的磁感应线是以导线上各点为圆心的同心圆。磁场的方向可用右手螺旋定则来判定，即右手握住通电直导线，让大拇指方向与电流方向一致，则四指环绕方向就是磁场方向。

【通电螺线管产生的磁场】 通电螺线管的磁性很像一根条形磁铁，一端相当于 N 极，另一端相当于 S 极，如图 4-8b 所示。磁场的方向同样可用右手螺旋定则来判定，即右手握住螺线管，弯曲的四指指向与电流方向一致，则大拇指指向通电螺线管内部磁感线的方向即为通电螺线管的 N 极。

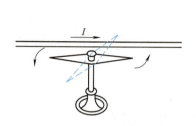

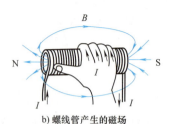

图 4-7 电流的磁效应

a) 直导线周围的磁场　　b) 螺线管产生的磁场

图 4-8 电流的磁场

小知识

"耳机中小磁铁的作用"

耳机里的磁铁提供一个恒定的磁场，音圈里的电流会形成一个随着音乐信号变化的磁场。两个磁场作用，就带动耳机振膜振动。磁铁磁性强，可以使耳机灵敏度比较高，但具体耳机灵敏度高不高，还和其他许多因素有关。

4.1.3 载流导线在磁场中所受的力

将一段通电导线垂直放入磁场中，导体会受到一个力的作用，这个力称为电磁力，用 F 表示，如图 4-9 所示。电磁力 F 的大小与导体中电流的大小、处于磁场中导线的有效长度 l 及磁场的磁感应强度 B 成正比，其表达式为

$$F = BIl \qquad (4-4)$$

通电直导线在磁场中受到的电磁力的方向可以用左手定则来判定：如图 4-10 所示，伸出左手，使大拇指与其余四指垂直，并在同一平面内，让磁感应线垂直进入手心，并使四指指向电流方向，则大拇指所指的方向就是导线的受力方向。

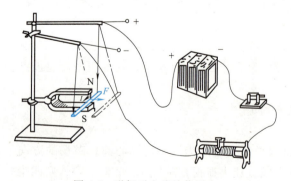
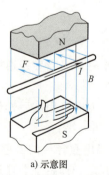

图 4-9 磁场对电流的作用力

a) 示意图　　b) 左手定则

图 4-10 导体受到电磁力的判定

4.2 电磁感应

话题引入

通过前面的学习,我们知道了电流可以产生磁场,那么磁场可以产生电流吗?实验证明变化的磁场也是可以产生电流的,发电机就是利用这一原理发明的。

4.2.1 电磁感应现象

电磁感应现象是电磁学中最重大的发现之一,它揭示了电和磁之间的相互联系。下面通过实验认识电磁感应现象。

想一想

电磁感应现象

【实验内容及现象】 如图 4-11a 所示,让闭合导线的一部分做切割磁力线运动,电流表指针发生偏转;如图 4-11b 所示,条形磁铁在插入或拔出空心线圈的瞬间,电流表指针会发生偏转。

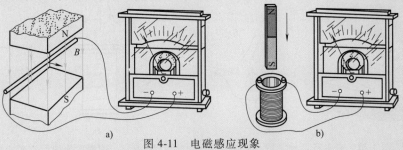

图 4-11 电磁感应现象

【结论】 当穿过一个闭合导体回路所围面积的磁通量发生变化时,不管这种变化是由于什么原因所引起的,回路中都会产生电流。

变化的磁场能在导体中产生感应电动势,这种现象称为电磁感应现象。由电磁感应产生的电动势称为感应电动势,由感应电动势引起的电流称为感应电流。

小知识

涡流与节能炊具电磁灶

把块状的金属放在变化的磁场中,或者让它在磁场中运动时,块状金属内将产生感应电流,这种电流在金属块内自成闭合回路,叫涡流电流,简称涡流。电磁灶首先把 50Hz 的交流电改换成直流电,然后通过逆变器转换成高频电流,此高频电流产生高频交变磁场,这个磁场的磁感应线穿过非金属灶台面板进入烹饪铁锅底内,由于电磁感应产生电动势,形成强大的涡流电流,发出大量的焦耳热,达到对食物加热的目的。电磁灶由美国西屋电器公司于 1971 年最先研制成功,到 20 世纪 80 年代初成为技术成熟的家电产品,它是一种安全、卫生、高效、节能的炊具,是"现代厨房的标志"之一。

4.2.2 感应电流的方向

闭合回路中感应电流的方向,通常采用右手定则或楞次定律来判断。

1. 右手定则

如图 4-12 所示,导体在磁场中做切割磁力线运动,感应电流的方向用右手定则判断,使大拇指跟其余四个手指垂直并且都跟手掌在一个平面内,把右手放入磁场中,让磁感线垂直穿入手心,大拇指指向导体运动方向,则其余四指指向感应电流的方向。

2. 楞次定律

闭合导体回路中感应电流的磁场总是要阻碍引起感应电流的磁通量的变化,这就是楞次定律。如图 4-13a 所示,当磁铁插入线圈时,穿过线圈的磁通量增加,感应电流的磁场与原磁场方向相反;图 4-13b 中,当磁铁从线圈中抽出时,穿过线圈的磁通量减少,感应电流的磁场与原磁场方向相同。

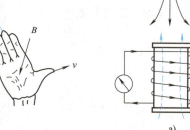
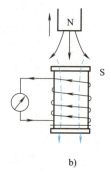

图 4-12 右手定则示意图　　　　图 4-13 用楞次定律判定感应电流的方向

利用楞次定律可以判定感应电流的方向,方法是右手握拳,拇指指向磁场变化的反方向,则四指方向即为感应电流的方向。由此可判定图 4-13a、b 中感应电流的方向。

> **提示** 若感应电流是因为导体自身在磁场中做切割磁感应线运动而产生的,通常用右手定则判断感应电流的方向;若感应电流是因为穿过闭合线圈的磁通量发生变化而产生的,通常用楞次定律判断感应电流的方向。

4.2.3 电磁感应定律

英国科学家法拉第根据大量实验事实总结出了如下定律:电路中感应电动势的大小,跟穿过这一电路的磁通变化率成正比,这就是电磁感应定律,其表达式为

$$e = -N \frac{\Delta \Phi}{\Delta t} \tag{4-5}$$

式中，$N\Delta\Phi$ 表示 N 匝线圈的磁通变化量，单位为 Wb；Δt 表示磁通变化 $\Delta\Phi$ 所需的时间（s）；"-"表示感应电动势的方向，总是使感应电流的磁通阻碍原磁通的变化。

>> 提示 | 在实际应用中，判断感应电动势方向用楞次定律，计算感应电动势的大小用电磁感应定律。

思考与练习

4-1 直线电流的方向跟它的磁感线方向之间的关系可以用_____来判断：用_____手握住导线，让伸直的大拇指指向_____方向，弯曲的四指所指的是_____的环绕方向。

4-2 通电直导线 I 与通电闭合线框 abcd 在同一平面内，如图 4-14 放置，不计重力，若直导线固定，那么闭合线框 abcd 的运动情况是（　　）。

A. 在纸面内向上运动
B. 在纸面内向下运动
C. 在纸面内远离直导线
D. 在纸面内向直导线靠近

图 4-14 题 4-2 图

4-3 如图 4-15 所示，闭合电路的一部分导线 ab 处于匀强磁场中，图中各情况下导线都在纸面内运动，那么下列判断中正确的是（　　）。

A. 都会产生感应电流
B. 都不会产生感应电流
C. 甲、乙不会产生感应电流，丙、丁会产生感应电流
D. 甲、丙会产生感应电流，乙、丁不会产生感应电流

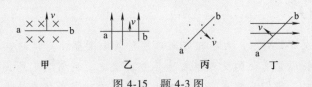

图 4-15 题 4-3 图

4-4 下列说法正确的是（　　）。

A. 磁感线可以表示磁场的方向和强弱
B. 磁感线从磁体的 N 极出发，终止于磁体的 S 极
C. 磁铁能产生磁场，电流也能产生磁场
D. 放入通电螺线管内的小磁针，根据异名磁极相吸的原则，小磁针的 N 极一定

4-5 什么是电磁感应现象？请在网上搜索相关演示视频及具体应用资料。

4-6 你会用右手定则判断感应电流的方向吗？请在网上搜索相关演示视频及具体应用资料。

4-7 你会复述电磁感应定律的内容吗？请上网搜集相关资料。

第5章　单相正弦交流电路

知识目标

1. 掌握正弦交流电的基本概念，理解正弦量的表示方法。
2. 能理解单一参数交流电路的电压、电流大小及相位关系。
3. 能理解多参数组合正弦交流电路的相量模型及其相量分析法。
4. 能理解电路有功功率、无功功率和视在功率的概念并会计算。
5. 能了解提高功率因数的方法及提高电路功率因数在实际生活中的意义。
6. 能理解串并联谐振发生的条件及其分析。

技能目标

1. 会安装照明电路配电板。
2. 会单相电能表接线。

5.1　正弦交流电的基本概念

话题引入

如图 5-1 所示，大小和方向都随时间做周期性变化的电流称为交流电，其中按正弦规律变化的交流电称为正弦交流电，通常我们所说的交流电就是指正弦交流电。我们日常生产生活中大量使用的就是正弦交流电。

a) 交流正弦波　　b) 交流方波　　c) 交流三角波

图 5-1　常见交流电流波形

5.1.1　正弦交流电的产生

图 5-2 所示为一个简单的交流发电机模型图，它由一对磁极与转子线圈组成，在外力作

用下转子线圈匀速转动，穿过线圈平面的磁通量不断变化，根据电磁感应定律，线圈中产生大小和方向都随时间按正弦规律变化的感应电动势，即正弦交流电，其表达式为

$$e = E_m \sin(\omega t + \psi_0) \tag{5-1}$$

式中，E_m 为最大值（振幅、峰值）；ω 称为角频率；ψ_0 为初相位。各项的具体含义将在下节详细介绍。

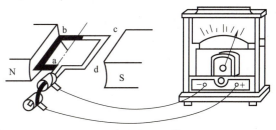

图 5-2　交流发电机模型图

 小知识

发电机

实际应用的发电机结构比较复杂，线圈匝数多，磁极也不止一对。发电机输出电能的部分称为电枢。交流发电机通常采用旋转磁极式，即电枢不动，磁极转动。图 5-3 所示为汽车发电机。

图 5-3　汽车发电机

5.1.2　表征正弦交流电的物理量

1. 周期和频率

【周期】　正弦交流电按正弦规律变化一周所需的时间称为周期，用符号 T 表示，单位是秒（s），如图 5-4 所示。

【频率】　正弦交流电在一秒内按正弦规律变化的周期数叫作频率，用符号 f 表示，单位是赫［兹］（Hz）。根据定义，周期和频率互为倒数，即

$$T = \frac{1}{f} \tag{5-2}$$

【角频率】　正弦交流电在单位时间内变化的弧度数叫作角频率，用 ω 表示，单位为弧度/秒（rad/s），角频率与频率之间的关系为

$$\omega = 2\pi f = \frac{2\pi}{T} \tag{5-3}$$

>> **提示**　周期和频率都是用来表示交流电变化快慢的物理量。我国电力的标准频率为 50Hz，称为工频，国际上多采用此标准。美国、日本、德国等国家采用的工频是 60Hz。

2. 瞬时值、最大值和有效值

【瞬时值】　瞬时值是交流电在某一时刻的值，用小写字母表示，如 e、u、i 分别表示电动势、电压、电流的瞬时值。

【最大值】　最大值是交流电在变化过程中出现的最大幅度瞬时值，用大写字母加下标 m 表

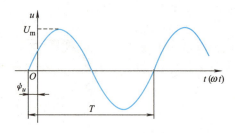

图 5-4　正弦交流电压波形

示，如 E_m、U_m、I_m 分别表示电动势、电压、电流的最大值。在图 5-4 中，U_m 为电压最大值。

【有效值】　交流电的有效值是根据交流电的热效应来规定的，让交流电与直流电分别通过同样阻值的电阻，如果在相同的时间内产生的热量相等，那么就把这一直流电的数值叫作这个交流电的有效值。

电动势、电压和电流的有效值分别用大写字母 E、U、I 表示，正弦交流电的有效值与最大值之间有如下关系：

$$I=\frac{I_m}{\sqrt{2}};\ U=\frac{U_m}{\sqrt{2}};\ E=\frac{E_m}{\sqrt{2}} \tag{5-4}$$

小知识

　　生活中所说的 220V 交流电，指的是交流电压的有效值，其最大值为 $220\sqrt{2}$ V。各种交流用电器铭牌上所标电压和电流均为其有效值，交流电压表和电流表所标刻度以及测量出来的数值也都是交流电的有效值。

练一练

　　1）一正弦交流电的频率为 $f=100$Hz，则周期为_____、角频率为_____。

　　2）照明线路的电压是 220V，则其有效值为_____、最大值为_____。

3. 相位和相位差

【相位】　在正弦交流电动势表达式 $e=E_m\sin(\omega t+\psi_0)$ 中，$(\omega t+\psi_0)$ 称为交流电的相位，它表示 t 时刻交流电对应的角度。$t=0$ 时的相位 ψ_0 称为初相位，它反映了交流电起始时刻的状态。

【相位差】　两个同频率正弦交流电的相位之差称为相位差，用 φ 来表示。如果交流电的频率相同，相位差就等于初相位之差，即

$$\varphi=(\omega t+\psi_1)-(\omega t+\psi_2)=\psi_1-\psi_2 \tag{5-5}$$

这个相位差是恒定的，不随时间而改变。

根据两个同频率交流电的相位差,可以确立两个交流电的相位关系:如果 $\varphi=\psi_1-\psi_2>0$,则 e_1 超前 e_2,或者说 e_2 滞后 e_1,波形如图 5-5a 所示;如果 $\varphi=0$,称这两个交流电为<u>同相</u>,波形如图 5-5b 所示;如果 $\varphi=180°$,称这两个交流电为<u>反相</u>,波形如图 5-5c 所示。

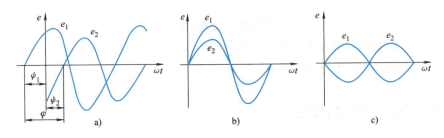

图 5-5 交流电的相位关系

> **▶▶ 提示**　任何一个正弦量的最大值(有效值)、角频率(频率或周期)、初相位确定以后,就可以写出解析式,并可以计算出任一时刻的瞬时值。所以,最大值、角频率和初相位称为<u>正弦交流电的三要素</u>。

5.1.3　正弦交流电的表示方法

正弦交流电有三种表示方法:解析式、波形图和相量图。

【解析式表示法】　用三角函数式来表示正弦交流电随时间变化的方法称为解析式表示法。正弦交流电的电动势、电压和电流瞬时值解析式为

$$e = E_m \sin(\omega t + \psi_e) \tag{5-6}$$

$$u = U_m \sin(\omega t + \psi_u) \tag{5-7}$$

$$i = I_m \sin(\omega t + \psi_i) \tag{5-8}$$

【波形图表示法】　在平面直角坐标系中,用横坐标表示时间 t 或角度 ωt,纵坐标表示正弦量的瞬时值,根据解析式计算出坐标系中各点值,做出 e、u、i 的波形图,这种方法称为波形图表示法。图 5-4 即是用波形图表示的正弦交流电压 u。

【相量表示法】　在平面直角坐标系中,相量可以用一条有向线段表示。该线段的长度等于正弦量的有效值,其与 x 轴正方向的夹角等于正弦量的初相位。相量的符号用有效值符号上加一圆点表示。如正弦电压的相量用 $\dot{U}$ 表示,正弦电流的相量用 $\dot{I}$ 表示等。用相量表示交流电之后,它们的加、减运算就可以按平行四边形法则进行。

> **▶▶ 提示**　相同频率的相量可以画在同一相量图中,如图 5-6 所示。从图中可以看出,电流的初相位为 30°,电压的初相位为 60°,电压超前电流 30°。

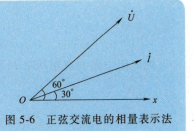

图 5-6　正弦交流电的相量表示法

实践活动

寻找交流电源

在专业人员或老师的指导下,搜寻我们生活周围能看到的各种交流电来源,观察并记录,了解它们的外形、使用方法及场合。

5.2 单一元件的交流电路

话题引入

在实际电路中,电灯、电熨斗是只含电阻的负载,而荧光灯、电风扇是既含有电阻又含有电感或电容的负载。交流电作用在不同的负载上时有各自不同的特性,本节我们来认识交流电路中的电阻、电感和电容。

5.2.1 纯电阻电路

在交流电路中,只考虑电阻作用的电路称为纯电阻电路,如图 5-7a 所示。

在纯电阻电路中,电流 i 与电压 u 是同频率、同相位的正弦量。它们的波形图和相量图如图 5-7b、c 所示。

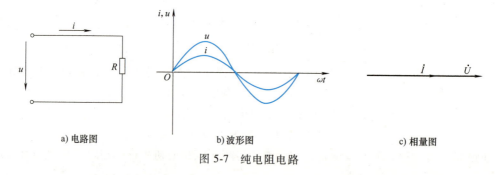

a) 电路图　　　　b) 波形图　　　　c) 相量图

图 5-7　纯电阻电路

在纯电阻电路中,流过电阻 R 的电流有效值 I 等于电阻两端的电压有效值 U 与 R 的比值,即

$$I = \frac{U}{R} \tag{5-9}$$

纯电阻电路的有功功率 P 等于电压有效值 U 和电流有效值 I 的乘积,即

$$P = UI = I^2 R = \frac{U^2}{R} \tag{5-10}$$

式中,P、U、I、R 的单位分别是 W、V、A 和 Ω。

> **提示** 电阻总是消耗功率的,它是一种耗能元件。

练一练

一只"220V、40W"的白炽灯,接在 $u = 300\sin(314t + 30°)$ V 的电源上,则流过白炽灯的电流 $I =$ _____,电流瞬时值表达式 $i =$ _____、白炽灯消耗的功率 $P =$ _____。

实践活动

观察我们日常生活中使用的各种用电器,分析哪些用电器组成的电路为纯电阻电路。

5.2.2 纯电容电路

在交流电路中,如果只用电容器做负载,且可以忽略介质的损耗时,这个电路称为纯电容电路,如图 5-8a 所示。

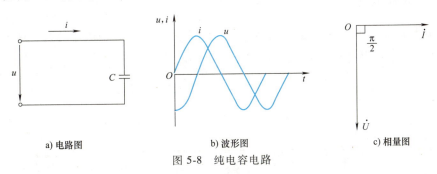

a) 电路图　　　　b) 波形图　　　　c) 相量图

图 5-8　纯电容电路

电容器对交流电有阻碍作用,这种阻碍作用的大小用容抗(X_C)表示,X_C 与电容 C 和交流电的频率关系如下:

$$X_C = \frac{1}{\omega C} = \frac{1}{2\pi f C} \tag{5-11}$$

式中,X_C 为电容的容抗,单位是欧[姆](Ω);f 为交流电源的频率(Hz);C 为电容器的电容(F)。

容抗 X_C 与电源频率 f 成反比,在 C 不变的条件下,频率越高,容抗越小,对电流的阻碍作用越小。在极端情况下,如果频率非常高且 $f \to \infty$ 时,则 $X_C = 0$,此时电容相当于短路。如果 $f = 0$,即直流时,则 $X_C \to \infty$,此时电容相当于开路。所以电容元件具有"隔直通交""通高频、阻低频"的性质。在电子技术中被广泛应用于旁路、隔直、滤波等方面。

在纯电容电路中,电流比电压超前 90°,电流和电压的波形如图 5-8b 所示。

图 5-8c 所示为纯电容电路中电压与电流的相量图,可见电流超前电压 $\frac{\pi}{2}$（90°）。

在纯电容电路中,电流有效值与电压的有效值成正比,与容抗成反比,即

$$I = \frac{U}{X_C} \tag{5-12}$$

纯电容元件不消耗有功功率,只与电源之间进行能量交换,这说明电容是一个储能元件。电容这种转换能量的能力用无功功率 Q_C 表示,即

$$Q_C = U_C I = I^2 X_C = \frac{U_C^2}{X_C} \tag{5-13}$$

无功功率的单位为 var。

>> 提示 | 无功功率具有重要的现实意义。"无功"的含义是"交换"而不是消耗,是相对"有功"而言的,绝不能理解为"无用"。

练一练

把电容为 5μF 的电容器接到 220V/50Hz 的交流电路中,则电容器上的电流有效值 $I = $ _____；电容器的无功功率 $Q_C = $ _____。

5.2.3 纯电感电路

在交流电路中,如果用电感线圈做负载,且线圈的内阻可以忽略不计时,这个电路称为纯电感电路,如图 5-9a 所示。

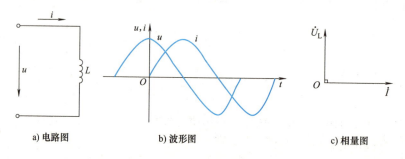

a) 电路图　　　　b) 波形图　　　　c) 相量图

图 5-9 纯电感电路

与电容相似,电感对交流电也有阻碍作用,其阻碍作用的大小用感抗 X_L 来表示。线圈的 X_L 跟它的自感系数 L 和交流电的频率 f 有如下关系。

$$X_L = \omega L = 2\pi f L \tag{5-14}$$

式中,X_L 为电感器的感抗,单位是欧[姆]（Ω）；f 为交流电源的频率,单位是 Hz；L 为线圈的自感系数,单位是 H。

在一定的电压下,X_L 越大,电流越小。感抗 X_L 与电源频率 f 成正比。L 不变时,频率越高,感抗越大,对电流的阻碍作用越大。在极端情况下,如果频率非常高且 $f \rightarrow \infty$ 时,则

$X_L \to \infty$,此时电感相当于开路。如果 $f=0$,即直流时,则 $X_L=0$,此时电感相当于短路。所以电感元件具有"隔交通直""通低频、阻高频"的性质。在电子技术中被广泛应用于滤波、高频扼流等方面。

纯电感电路中,电感两端的电压超前电流 90°,它们的波形图如图 5-9b 所示。

图 5-9c 所示为纯电感电路中电压与电流的相量图,由图可见,电压超前电流 $\dfrac{\pi}{2}$(90°)。

纯电感元件在交流电路中不消耗电能,它只与电源之间进行能量交换,这说明电感器是一个储能元件。电感转换这种能量的能力用无功功率 Q_L 表示,即

$$Q_L = U_L I = I^2 X_L = \dfrac{U_L^2}{X_L} \tag{5-15}$$

练一练

将灯泡与电感线圈串联,先与直流电源接通,观察灯泡的亮度;再与交流电源接通,观察灯泡的亮度,总结电感对直流电与交流电阻碍作用的不同。

5.3 串联元件的交流电路

话题引入

荧光灯电路可以看成是一个电阻与电感的串联电路,其中,镇流器可以看成是一个电感,灯管可以看成一个电阻,那么它在交流电路中,电流、电压又有什么特点呢?

5.3.1 RL 串联电路电流与电压的关系

电阻和电感串联电路也称为 RL 串联电路。如图 5-10a 所示,设电路中电流有效值为 I,初相位 $\psi_0=0$,则电阻两端电压有效值 $U_R=IR$,且与电流同相;由 5.2.3 节内容可知电感两端电压有效值 $U_L=IX_L$,且超前电流 90°,相量图如图 5-10b 所示。

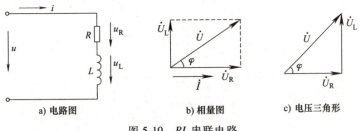

a) 电路图　　b) 相量图　　c) 电压三角形

图 5-10　RL 串联电路

图 5-10c 中 U_R、U_L、U 构成直角三角形,根据三角函数公式,可得总电压超前电流的相位为

$$\varphi = \arctan\frac{U_L}{U_R} \tag{5-16}$$

总电压有效值为

$$U = \sqrt{U_L^2 + U_R^2} \tag{5-17}$$

> **提示** 由式（5-17）可知，电路总电压的有效值与各元件端电压有效值的关系是相量和，而不是代数和。在交流电路中，各种不同性质元件的端电压除有数量关系外还存在相位关系，所以其运算规律与直流电路完全不同。

5.3.2 RL 串联电路的阻抗

在 RL 串联电路中，电阻两端的电压 $U_R = IR$，电感两端的电压 $U_L = IX_L$，将 U_R 和 U_L 的值分别代入式（5-17）中，可以得到

$$U = \sqrt{U_R^2 + U_L^2} = \sqrt{(IR)^2 + (IX_L)^2} = I\sqrt{R^2 + X_L^2} = I|Z|$$

即

$$I = \frac{U}{|Z|} \tag{5-18}$$

式中，U 为电路中总电压的有效值（V）；I 为电路中电流的有效值（A）；Z 为电路的阻抗（Ω）。

其中

$$|Z| = \sqrt{R^2 + X_L^2} \tag{5-19}$$

Z 称为电路的阻抗，它表示 RL 串联电路对交流电的总阻碍作用。

> **提示** RL 串联电路的阻抗 Z 取决于电路的参数 R、L 和电源频率 f，而与总电压和电流的大小无关。

阻抗 $|Z|$、电阻 R 和感抗 X_L 三者数值上的关系也可以用一个直角三角形表示，这个三角形称为阻抗三角形，如图 5-11 所示。阻抗三角形中，$|Z|$ 与 R 的夹角 φ 叫阻抗角，它就是总电压与电流的相位差。

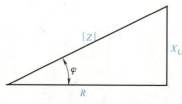

图 5-11 阻抗三角形

> **提示** 阻抗三角形只表示 $|Z|$、R 和 X_L 之间的数量关系，由于它们不是正弦量，所以阻抗三角形不是相量三角形。

练一练

在 RL 串联电路中，已知 $u = 220\sqrt{2}\sin 314t$ V，$R = 300\Omega$，$L = 1.65$H，则：电路的阻抗为＿＿＿＿；电路中的电流为＿＿＿＿。

5.4 多参数组合的正弦交流电路

话题引入

在电子设备中，放大器、信号源等电路中一般都含有电感、电阻和电容元件，因此，分析多参数组合正弦交流电路具有实际的意义。

5.4.1 RLC 串联电路

1. RLC 串联电路的相量分析

图 5-12 是由电阻、电感、电容串联构成的 RLC 串联电路。

设电路中电流为 i，则 $i = I_m\sin(\omega t)$，即：

$$u_R = RI_m\sin(\omega t) \quad (5\text{-}20)$$

$$u_L = X_L I_m\sin(\omega t + 90°) \quad (5\text{-}21)$$

$$u_C = X_C I_m\sin(\omega t - 90°) \quad (5\text{-}22)$$

根据基尔霍夫电压定律（KVL），任一时刻 u 的瞬时值为

$$u = u_R + u_L + u_C \quad (5\text{-}23)$$

相量图如图 5-13 所示，并得到各电压之间的大小关系为

$$U = \sqrt{U_R^2 + (U_L - U_C)^2}$$

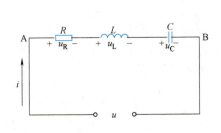

图 5-12　RLC 串联电路

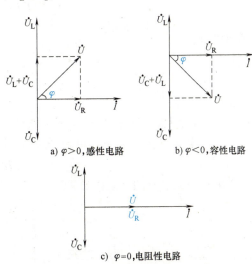

图 5-13　RLC 串联电路的相量图

2. RLC 串联电路的阻抗

由于 $U_R = RI$，$U_L = X_L I$，$U_C = X_C I$，可得

$$U = \sqrt{U_R^2 + (U_L - U_C)^2} = I\sqrt{R^2 + (X_L - X_C)^2} \tag{5-24}$$

令

$$|Z| = \frac{U}{I} = \sqrt{R^2 + (X_L - X_C)^2} = \sqrt{R^2 + X^2} \tag{5-25}$$

式（5-25）称为阻抗三角形关系式，$|Z|$ 叫作 RLC 串联电路的阻抗，其中 $X = X_L - X_C$ 叫作电抗。阻抗和电抗的单位均是欧[姆]（Ω）。阻抗三角形如图 5-14 所示。

由相量图可以看出总电压与电流的相位差 φ 为

$$\varphi = \arctan\frac{U_L - U_C}{U_R} = \arctan\frac{X_L - X_C}{R} = \arctan\frac{X}{R} \quad (5-26)$$

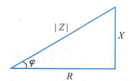

图 5-14 RLC 串联电路的阻抗三角形

3. RLC 串联电路的性质

【感性电路】如图 5-13a 所示，当 $X>0$ 时，即 $X_L > X_C$，$\varphi > 0$ 时，电压 u 比电流 i 超前 φ，称电路呈感性。当 $\varphi = 90°$ 时，为纯电感电路。

【容性电路】如图 5-13b 所示，当 $X<0$ 时，即 $X_L < X_C$，$\varphi < 0$ 时，电压 u 比电流 i 滞后 $|\varphi|$，称电路呈容性。当 $\varphi = -90°$ 时，为纯电容电路。

【谐振电路】如图 5-13c 所示，当 $X = 0$ 时，即 $X_L = X_C$，$\varphi = 0$ 时，电压 u 与电流 i 同相，称电路呈电阻性，电路处于这种状态时，叫作串联谐振状态。

4. 串联谐振电路的特点

【电路呈电阻性】当外加电源 u 的频率 $f = f_0$ 时，电路发生谐振，由于 $X_L = X_C$，则此时电路的阻抗达到最小值，称为谐振阻抗 Z_0 或谐振电阻 R，即

$$Z_0 = |Z|_{min} = R \tag{5-27}$$

$X_L = X_C$，即

$$2\pi f_0 L = \frac{1}{2\pi f_0 C}$$

化简可得：

$$f_0 = \frac{1}{2\pi\sqrt{LC}}$$

式中，f_0 称为谐振频率。

【电流呈现最大】谐振时电路中的电流则达到了最大值，叫作谐振电流 I_0。

电感 L 与电容 C 上的电压：串联谐振时，电感 L 与电容 C 上的电压大小相等，即

$$U_L = U_C = X_L I_0 = X_C I_0 = QU \tag{5-28}$$

Q 为串联谐振电路的品质因数：

$$Q = \frac{U_L}{U} = \frac{\omega_0 L}{R} = \frac{1}{\omega_0 CR} \tag{5-29}$$

RLC 串联电路发生谐振时，电感 L 与电容 C 上的电压大小都是外加电源电压 U 的 Q 倍，所以串联谐振又叫作电压谐振。

小知识

Q 值越大，表明串联谐振时电感与电容两端的电压越高，甚至会远远高于电源电压。在电力系统中，这种高电压有时会把电容器和线圈的绝缘材料击穿，造成设备的损坏，这是不允许的，必须设法避免。但在电子技术中，由于外来信号微弱，常常利用串联谐振获得一个与电压频率相同但大很多倍的电压，这就是串联谐振的选频作用，Q 值越大，选频作用越好。

练一练

在 RLC 串联电路中，交流电源电压 $U = 220\text{V}$，频率 $f = 50\text{Hz}$，$R = 30\Omega$，$L = 445\text{mH}$，$C = 32\mu\text{F}$。试求：（1）电路中的电流大小 I；（2）总电压与电流的相位差 φ；（3）各元件上的电压 U_R、U_L、U_C。

5.4.2 RLC 并联电路

1. RLC 并联电路的相量分析

图 5-15 由电阻、电感、电容相并联构成的电路叫作 RLC 并联电路。

设电路中电压为 $u = U_m \sin(\omega t)$，则

$$i_R = \frac{U_m}{R}\sin(\omega t) \quad (5\text{-}30)$$

$$i_L = \frac{U_m}{X_L}\sin(\omega t - 90°) \quad (5\text{-}31)$$

$$i_C = \frac{U_m}{X_C}\sin(\omega t + 90°) \quad (5\text{-}32)$$

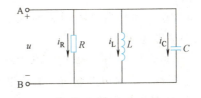

图 5-15 RLC 并联电路

根据基尔霍夫电流定律（KCL），任一时刻总电流 i 的瞬时值为

$$i = i_R + i_L + i_C \quad (5\text{-}33)$$

其相量图如图 5-16 所示。从相量图中不难得到

$$I = \sqrt{I_R^2 + (I_C - I_L)^2} = \sqrt{I_R^2 + (I_L - I_C)^2} \quad (5\text{-}34)$$

2. RLC 并联电路的导纳与阻抗

$$I_R = \frac{U}{R} = GU \quad (5\text{-}35)$$

$$I_L = \frac{U}{X_L} = B_L U \quad (5\text{-}36)$$

$$I_C = \frac{U}{X_C} = B_C U \quad (5\text{-}37)$$

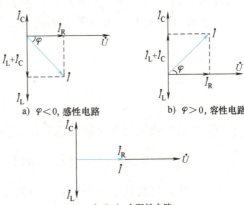

a) $\varphi < 0$, 感性电路   b) $\varphi > 0$, 容性电路

c) $\varphi = 0$, 电阻性电路

图 5-16 RLC 并联电路的相量图

其中 $B_L = \dfrac{1}{X_L}$ 叫作 感纳、$B_C = \dfrac{1}{X_C}$ 叫作 容纳，单位均为 西［门子］（S）。

$$I = \sqrt{I_R^2 + (I_C - I_L)^2} = U\sqrt{G^2 + (B_C - B_L)^2} \tag{5-38}$$

令 $|Y| = \dfrac{I}{U}$，则

$$|Y| = \sqrt{G^2 + (B_C - B_L)^2} = \sqrt{G^2 + B^2} \tag{5-39}$$

上式为导纳三角形关系式，式中 $|Y|$ 叫作 RLC 并联电路的导纳，其中 $B = B_C - B_L$ 叫作 电纳，单位均是西［门子］（S）。导纳三角形如图 5-17 所示。

电路的等效阻抗为

$$|Z| = \dfrac{U}{I} = \dfrac{1}{|Y|} = \dfrac{1}{\sqrt{G^2 + B^2}} \tag{5-40}$$

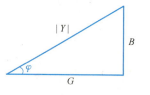

图 5-17 RLC 并联电路的导纳三角形

由相量图可以看出总电流 i 与电压 u 的相位差 φ'（导纳角）为

$$\varphi' = \arctan \dfrac{I_C - I_L}{I_R} = \arctan \dfrac{B_C - B_L}{G} = \arctan \dfrac{B}{G} \tag{5-41}$$

3. RLC 并联电路的性质

【感性电路】当 $B<0$ 时，即 $B_C<B_L$，或 $X_C>X_L$，$\varphi>0$ 时，电压 u 比电流 i 超前 φ，称电路呈感性。

【容性电路】当 $B>0$ 时，即 $B_C>B_L$，或 $X_C<X_L$，$\varphi<0$ 时，电压 u 比电流 i 滞后 $|\varphi|$，称电路呈容性。

【谐振电路】当 $B=0$ 时，即 $B_L=B_C$，或 $X_C=X_L$，$\varphi=0$ 时，电压 u 与电流 i 同相，称电路呈电阻性。此时电路状态为并联谐振状态。

4. 并联谐振电路的特点

【谐振频率】RLC 并联谐振是建立在 $Q_0 = \dfrac{\omega_0 L}{R} \gg 1$ 条件下的，即电路的感抗 $X_L \gg R$，Q_0 叫作谐振回路的 空载 Q 值，实际电路一般都满足该条件。

理论上可以证明 RLC 并联谐振角频率 ω_0 与频率 f_0 分别为

$$\omega_0 \approx \dfrac{1}{\sqrt{LC}} \tag{5-42}$$

$$f_0 \approx \dfrac{1}{2\pi\sqrt{LC}} \tag{5-43}$$

【谐振阻抗】谐振时电路阻抗达到最大值，且呈电阻性。谐振阻抗为

$$|Z_0| = R(1+Q_0^2) \approx Q_0^2 R = \dfrac{L}{CR} \tag{5-44}$$

【谐振电流】电路处于谐振状态，总电流为最小值，即

$$I_0 = \dfrac{U}{|Z_0|} \tag{5-45}$$

谐振时 $X_{L0} \approx X_{C0}$，则电感 L 支路电流 I_{L0} 与电容 C 支路电流 I_{C0} 为

$$I_{L0} \approx I_{C0} = \frac{U}{X_{C0}} \approx \frac{U}{X_{L0}} = Q_0 I_0 \tag{5-46}$$

即谐振时各支路电流为总电流的 Q_0 倍，所以 RLC 并联谐振又叫作电流谐振。

5.5 交流电路的功率

话题引入

　　在供电设备中，为了向用户提高供电能力，应尽量提高功率因数，而在用户所需有功功率一定的情况下，发电机、变压器、输配电线等容量都可以相应减小，从而降低电网的投资。

5.5.1 电路的功率

以 RL 串联电路为例，电阻是耗能元件，电感是储能元件，所以在 RL 串联电路中，既有有功功率，又有无功功率。

1. 有功功率

电路中的有功功率就是电阻 R 消耗的功率，在 RL 串联电路中其大小为

$$P = U_R I = I^2 R = \frac{U_R^2}{R} \tag{5-47}$$

2. 无功功率

电路中的无功功率是反映电感线圈磁场能量交换规模的物理量，在 RL 串联电路中其大小为

$$Q = U_L I = I^2 X_L = \frac{U_L^2}{X_L} \tag{5-48}$$

3. 视在功率

在交流电路中，总电压有效值与总电流有效值的乘积称为视在功率，它表示电源提供的总功率。视在功率用符号 S 表示，即

$$S = UI \tag{5-49}$$

视在功率的单位为伏安（V·A），常用单位还有千伏安（kV·A）。

将图 5-10c 中的电压三角形的各边乘以电流有效值 I，便可以得到功率三角形，如图 5-18 所示。

由功率三角形得

$$S = \sqrt{P^2 + Q^2} \tag{5-50}$$

$$P = S\cos\varphi \tag{5-51}$$

$$Q = S\sin\varphi \tag{5-52}$$

式中，S 为视在功率（V·A）；P 为有功功率（W）；

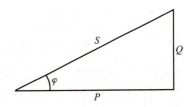

图 5-18 RL 串联电路的功率三角形

Q 为无功功率（var）。

> **提示**　功率三角形适用于任何交流电路，其中 φ 角为电路的总电压和总电流的相位差。电路的有功功率表示电路中消耗的功率，视在功率则表示电源可能提供的功率。

> **练一练**
>
> 在 RL 串联电路中，已知 $u = 440\sqrt{2}\sin 314t$ V，$R = 60\Omega$，$L = 1.65$H。则电路的有功功率为_____；无功功率为_____；视在功率为_____。

5.5.2　电路的功率因数

电路的有功功率与视在功率的比值称为功率因数，即

$$\cos\varphi = \frac{P}{S} \tag{5-53}$$

功率因数也可以由阻抗求得，即

$$\cos\varphi = \frac{R}{|Z|} \tag{5-54}$$

功率因数的大小表示电源功率被利用的程度。因为任何发电机、变压器都会受到温度和绝缘问题的限制，使用时工作电压、电流必须在额定电压和额定电流范围以内，即在额定视在功率以内。

5.5.3　提高功率因数的方法

电路的功率因数越大，则表示电源所送出的电能转换为热能和机械能就越多，电源的利用率越高。在相同的电压下要输送相同的功率，功率因数越高，则电路中电流就越小，故电路中的损耗也越小。

因此在电力工程上，力求使功率因数提高到 0.9~0.95。

为了提高电源的利用率，需要提高功率因数，方法一般有：

1) 在电感性负载两端并联一只电容量适当的电容器，进行无功补偿。
2) 选用变压器和电动机时容量不宜过大，并尽量减少轻载和空载运行，因为电动机和变压器轻载或空载时，功率因数低；满载时，功率因数较高。
3) 加快老旧设备及高耗能电器产品的更新换代。

> **想一想**
>
> 1. 电压三角形与功率三角形有何关系？
> 2. 电动机为什么需要无功功率？
> 3. 提高功率因数的现实意义有哪些？

> **提示**　在实际电力系统中，并不要求功率因数提高到 1。因为这样做经济效果并不显著，反而会增加大量的设备投资。根据具体情况，通过经济技术比较，把功率因数提高到 0.9~0.95 即可。

技能训练

技能训练指导5-1　单相电能表

单相电能表又称单相电度表，如图5-19所示，主要用来测量负载所消耗的电能。

【单相电能表的接线】　单相交流电能表的接线方法：单相电能表有专门的接线盒，接线盒内设有4个端钮。电压和电流线圈在电能表出厂时已在接线盒中连好。单相电能表共有4个接线桩，从左至右按1、2、3、4编号，配线时，只需按1、3端接电源，2、4端接负载即可（少数也有1、2端接电源，3、4端接负载的，接线时要参看电表的接线图）。进线1是相线，3是中性线，出线2是相线，4是中性线，如图5-19b所示。

a) 电能表

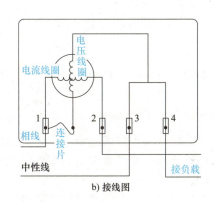
b) 接线图

图5-19　单相电能表

【电能表的读数】　电能表面板最上方窗口显示电能表的六位数字，前面五位数是度数，第六位是在红色方框内显示，是小数。

如果用户上月电能表数为16379.4度，本月电能表窗口显示是16427.3，两数相减，差则表示该月用电量是48度电。

技能训练项目5-1　照明电路配电板的安装

【实训目标】

1）会单相电能表的安装和接线。
2）会小型配电板的配线与安装。

【实训器材】

单相电能表一只，普通开关、低压断路器、插座、白炽灯等各2个，接线板（网孔板）一块，电工工具一套，导线若干。

【实训内容及步骤】

1）识别并检测元器件质量。
2）参照图5-20所示照明电路配电板电路原理图，在网孔板上设计各器件的位置，并布线，布线图可参考图5-21。

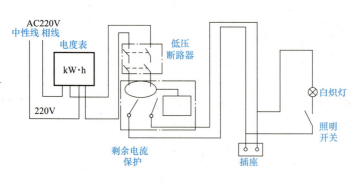
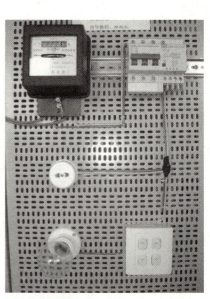

图 5-20 照明电路配电板电路图　　图 5-21 照明电路配电板实物参照图

3）在指导教师检查无误的情况下，送电，测试电路：

a）确认低压断路器处于分闸状态，各个白炽灯开关处于断开状态。

b）低压断路器合闸，合普通开关，观察白炽灯的亮灭情况，观察电能表的转动情况。

【自评互评】

姓　　名			互评人			
项　　目	考 核 要 求	配分	评 分 标 准		自评分	互评分
安装电路	1. 元器件安装规范 2. 电路装配整齐、美观	40	1. 错装、漏装、歪斜，每处扣 1 分 2. 电路装配不整齐、美观，扣 1~8 分			
电路测试	合上开关，电能表转动，白炽灯能正常发光；断开开关，白炽灯变暗，电能表停转	30	不符合要求，不给分			
		5	不能实现，扣 5 分			
测试功率	接入电炉，电能表转速加快	15	测量错误，每处扣 5 分			
安全文明操作	工作台上工具摆放整齐，严格遵守安全操作规程，符合"6S"管理要求	10	违反安全操作、工作台上脏乱、不符合"6S"管理要求，酌情扣 3~10 分			
合　　计		100				

学生交流改进总结：

教师签名：

【思考与讨论】

1）图中电源总开关是采用低压断路器接入的，如果换成刀开关，应该怎么接线？

2）如果把灯泡换成 1000W 的电炉，单相电能表的转动情况会有什么变化？

思考与练习

5-1 正弦交流电的三要素是_____、_____、_____。

5-2 已知正弦交流电压 $u = 12\sqrt{2}\sin(100\pi t - 60°)$ V，则该交流电压的最大值为_____、有效值为_____、角频率为_____、周期为_____、相位为_____、初相位为_____。

5-3 纯电容正弦交流电路中，电压有效值不变，当频率增大时，电路中电流将（　　）。

A. 增大　　　　　B. 减小　　　　　C. 不变　　　　　D. 为零

5-4 在 RL 串联正弦交流电路中，电阻上的电压为 16V，电感上电压为 12V，则总电压为（　　）。

A. 28V　　　　　B. 20V　　　　　C. 4V　　　　　D. 16V

5-5 请大家在互联网上查询什么是感抗和容抗。可参考中国工控网（www.gongkong.com）。

5-6 请大家在互联网上查询什么是无功功率。可参考中国工控网（www.gongkong.com）。

5-7 把一个电感 $L = 0.35$H 的线圈，接到 $u = 120\sqrt{2}\sin(100\pi t - 60°)$ V 的电源上，试求：线圈的感抗、电流的有效值和电路的无功功率。

5-8 把 $C = 10\mu$F 的电容器接到 $u = 120\sqrt{2}\sin(100\pi t - 60°)$ V 的电源上，试求：电容的容抗、电流的有效值和电路的无功功率。

5-9 已知某交流电路，电源电压 $u = 100\sqrt{2}\sin\omega t$，电路的电流 $i = \sqrt{2}\sin(\omega t - 60°)$，求电路的功率因数、有功功率和视在功率。

5-10 试述提高功率因数的方法和意义。

第6章 三相正弦交流电路

 知识目标

1. 了解三相正弦交流电的产生过程。
2. 能理解三相正弦交流电的供电方式。
3. 了解三相正弦交流电的应用。
4. 了解星形联结方式下线电压和相电压、线电流和相电流的关系。
5. 了解三角形联结方式下线电压和相电压、线电流和相电流的关系。
6. 了解对称三相交流电路功率计算与分析。

 技能目标

1. 能识读三相交流电路。
2. 会连接三相负载交流电路。

6.1 三相正弦交流电源

 话题引入

在工厂、实验室或需要安装大功率空调的场所，我们常见到图 6-1 所示的四孔插座。它与一般两孔、三孔插座的不同之处在于它引入的是三相正弦交流电。三相正弦交流电是由三个频率相同、相位互差 120°、幅值相等的相电压组成的。当前，世界各国电力系统普遍采用三相交流电路，如有需要单相供电的地方，可以应用三相交流电中的一相。

图 6-1 四孔插座

6.1.1 三相正弦交流电的产生

三相交流电由三相交流发电机产生，图 6-2a 所示为三相交流发电机实物图。

三相交流发电机有三个绕组，可产生三相电源。图 6-2b 所示是三相交流发电机原理示意图，它主要由定子和转子构成。定子中嵌有三个完全相同且相互独立的绕组。在空间位置上彼此相隔 120°，分别用 U1—U2、V1—V2、W1—W2 表示。U1、V1、W1 表示各相绕组的首端；U2、V2、W2 表示各相绕组的末端。每个绕组称为发电机的一相，分别称为 U 相、V 相和 W 相。

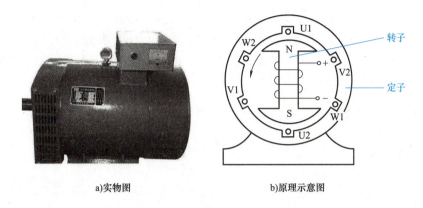

a) 实物图　　　　　　　　b) 原理示意图

图 6-2　三相交流发电机

当转子在外加驱动力的作用下顺时针匀速旋转时，就相当于定子每相绕组以角速度 ω 逆时针旋转，作切割磁感线运动，从而产生感应电动势 e_U、e_V、e_W。由于三个绕组结构相同，在空间相差 120° 的角度，因此，三个感应电动势 e_U、e_V、e_W 的频率相同、最大值相等、相位彼此相差 120°。

三相电动势的瞬时值表达式是

$$e_U = E_m \sin\omega t \tag{6-1}$$

$$e_V = E_m \sin(\omega t - 120°) \tag{6-2}$$

$$e_W = E_m \sin(\omega t - 240°) = E_m \sin(\omega t + 120°) \tag{6-3}$$

如果以 e_U 为参考正弦量，则三相对称电动势波形如图 6-3a 所示，相量如图 6-3b 所示。

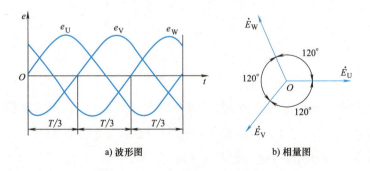

a) 波形图　　　　　　　　b) 相量图

图 6-3　三相电动势波形图与相量图

在电工技术和电力工程中，把这种有效值相等、频率相同、相位上相差 120° 的三相电动势叫作对称三相电动势。供给三相电动势的电源叫作三相电源。

提示

相序

通常把三相电动势到达最大值的先后次序,称作相序。按 U—V—W 的次序循环的相序称为正相序;按 U—W—V 的次序循环的相序称为逆相序。相序是由发电机电枢的旋转方向决定的,通常采用正相序。电力系统通常用不同的颜色来区别电源的 U、V、W 三相,黄色表示 U 相,绿色表示 V 相,红色表示 W 相。

练一练

对称三相电源中 V 相电动势的瞬时值表达式 $e_V = 220\sqrt{2}\sin(\omega t - 30°)$,则其他两相的瞬时值表达式为＿＿＿＿＿＿、＿＿＿＿＿＿。

6.1.2 三相正弦交流电的供电方式

三相电源有两种供电方式:三相四线制和三相三线制,在低压供电系统中常采用三相四线制(或三相五线制)供电,如图 6-4 所示,所谓"三相四线",指三根相线和一根中性线。

三相交流发电机三相绕组的末端 U2、V2、W2 连接成一公共端点,叫作中性点,从中性点引出的输电线称为中性线(俗称"零线"),用 N 表示。从发电机三相绕组的首端 U1、V1、W1 引出的三根导线叫作相线(俗称火线),分别用 L1、L2、L3 表示。在工程中,U、V、W 三根相线常用黄、绿、红三种颜色线来区分。

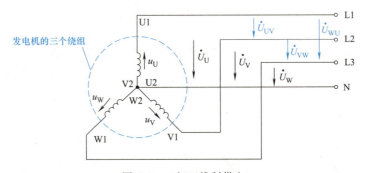

图 6-4 三相四线制供电

三相四线制供电系统可输送两种电压,即相电压与线电压。各相线与中性线之间的电压叫作相电压,分别用 $\dot{U}_U$、$\dot{U}_V$、$\dot{U}_W$ 表示;相线与相线之间的电压称为线电压,用 $\dot{U}_{UV}$、$\dot{U}_{VW}$、$\dot{U}_{WU}$ 等表示。通常用 U_P 表示相电压,U_L 表示线电压。

各相电压与线电压之间的关系为

$$\dot{U}_{UV} = \dot{U}_U - \dot{U}_V$$
$$\dot{U}_{VW} = \dot{U}_V - \dot{U}_W$$
$$\dot{U}_{WU} = \dot{U}_W - \dot{U}_U$$

> **提示** 三相四线制供电系统的特点
> 1）有两组供电电压，即相电压和线电压。
> 2）三个相电压和三个线电压均为对称电压。
> 3）线电压的大小等于相电压的$\sqrt{3}$倍，即$U_L = \sqrt{3}\,U_P$。
> 4）线电压超前相应的相电压30°。

图6-5所示为三相四线制低压配电线路，接到动力开关上的是三根相线，它们之间的线电压$U_L = 380\text{V}$，接到照明开关上的是相线和中性线，它们之间的相电压$U_P = 220\text{V}$。

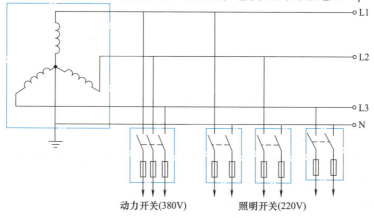

图6-5 三相四线制低压配电线路

实践活动

认识低压供电线路

在老师或专业人员的带领下，认识我们生活周围低压配电线路，并分析此类配电线路的特点及安全性能。

*6.2 三相负载的连接方式

话题引入

在日常生活中，大多数家用电器如电灯、电视机、电冰箱等都是使用单相交流电，这类负载称为单相负载，接在三相电源的任一相上都能工作。还有一类负载，必须接在三相电源上才能正常工作，如三相异步电动机等，这种负载称为三相负载。三相负载可分为对称三相负载和不对称三相负载。负载的大小和性质相同、阻抗相等的三相负载叫<u>对称三相负载</u>，否则为<u>不对称三相负载</u>。三相负载的连接方式有星形（Y）联结与三角形（△）联结两种。

6.2.1 三相负载的星形联结

若将三相负载的首端 U1、V1、W1 分别接电源的三根相线,各相负载的末端 U2、V2、W2 都接中性线,这种连接方式叫作三相负载的星形(Y)联结,如图 6-6a 所示。

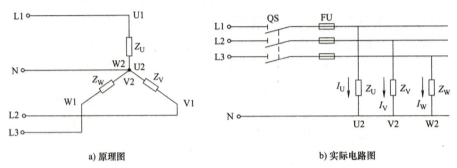

a) 原理图　　　　　　　　　　b) 实际电路图

图 6-6　三相负载星形联结

图 6-6b 所示为三相负载星形联结的实际电路图。在图中,Z_U、Z_V、Z_W 为各相负载的阻抗,每相负载两端的电压为相电压。如果忽略输电线上的阻抗,则负载的相电压等于电源的相电压;三相负载的线电压就是电源的线电压。

所以,负载的线电压与相电压的关系为 $U_L=\sqrt{3}U_P$。

>> **提示**　　目前电力电网的低压供电系统中的线电压为 380V,相电压为 220V,常写作"电源电压 380V/220V"。

在负载作星形联结的三相交流电路中,流过各相负载的电流叫作相电流,流过每根相线的电流叫作线电流,用 I_U、I_V、I_W 表示其有效值,参考方向从电源到负载,如图 6-6b 所示。由于每相负载都串在相线上,相线和负载通过的是同一个电流,所以各相电流等于各线电流,即 $I_L=I_P$。

对称三相负载作星形联结时中性线上的电流为零,因此中性线可以不接,即对称星形联结负载可以接三相三线制供电线路,如图 6-7 所示。

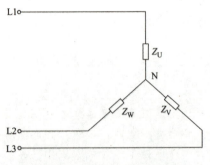

图 6-7　三相三线制供电

如果是不对称星形负载,必须采用带中性线的三相四线制供电线路。居民小区的各家各户用电器不同,用电时间也不同,是典型的不对称负载。

小知识

中性线的作用

中性线是三相电路的公共回线,能保证三相负载成为三个互不影响的独立回路;不论各相负载是否平衡,均可承受对称的相电压;一相发生故障,可保证其他两相正常工作。中性线如果断开,这时负载中性点偏移将较大。此时,某一相负载承受的电压会低于额定电压,而另一相负载承受的电压会高于额定电压,会造成负载不能正常使用甚至损坏。因此,中性线要安装牢固,并且不允许在中性线上装开关和熔丝,防止断路!

6.2.2 三相负载的三角形联结

把三相负载分别接在三相交流电源每两根相线之间的连接方式叫作三角形(△)联结,如图 6-8a 所示。

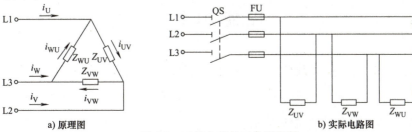

图 6-8 三相负载的三角形联结

图 6-8b 所示为三相负载三角形联结的实际电路图。在三角形联结中,由于各相负载是接在两根相线之间,因此,负载的相电压就是线电压,即 $U_L = U_P$。

当对称三相负载作三角形联结时,三个相电流和三个线电流都是对称的,且有 $I_L = \sqrt{3}\,I_P$ 的关系。

> **提示** 三相交流电路,一般负载可以接成星形也可以接成三角形。在实际中应正确选择负载的连接方式,要根据三相负载铭牌上所标注的接线方法或额定电压选择连接方式,否则负载不能正常工作,甚至可能导致严重不良后果。

6.3 三相电路的功率

话题引入

我们在选择三相异步电动机时,通常要明确功率的大小。功率在用电设备中是一个基本的参数,明确三相电路功率的概念和测量方法具有十分重要的意义。

三相交流电路可以看作由三个单相交流电路组成。因此，三相交流电路的功率可以由以下公式计算：

$$P = P_1 + P_2 + P_3 \quad (6\text{-}4)$$

$$Q = Q_1 + Q_2 + Q_3 \quad (6\text{-}5)$$

$$S = \sqrt{P^2 + Q^2} \quad (6\text{-}6)$$

在对称三相电路中，无论负载是星形联结还是三角形联结，各相功率都是相等的，三相电路的有功功率为

$$P = 3U_P I_P \cos\varphi = \sqrt{3} U_L I_L \cos\varphi \quad (6\text{-}7)$$

三相电路的无功功率为

$$Q = 3U_P I_P \sin\varphi = \sqrt{3} U_L I_L \sin\varphi \quad (6\text{-}8)$$

三相电路的视在功率为

$$S = 3U_P I_P = \sqrt{3} U_L I_L = \sqrt{P^2 + Q^2} \quad (6\text{-}9)$$

技 能 训 练

技能训练项目 6-1　三相负载的星形联结

【实训目标】

1) 会三相负载星形联结的接线方法。

2) 会测量负载作星形联结时的线电流、相电流、线电压和相电压。

【实训器材】　线电压为 380V 的三相交流电源；座式螺口灯头三个，螺口灯泡 60W/220V 三个、40W/220V 一个、100W/220V 一个；交流电流表四块；万用表一块；导线若干；小开关一个。

【实训内容及步骤】　按图 6-9 所示连接电路，点画线框内元件一般设计在实训台内部。实际操作时，只需将三个电流表分别与三相电源插孔正确连接即可。开关 S_2 的一端接中性线 N 插孔。螺口灯头的中心接点须连至电流表，以保证安全。EL_1、EL_2、EL_3 选用 60W 灯泡，经指导老师检查无误后，完成以下任务：

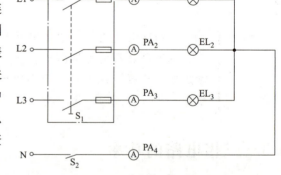

图 6-9　三相负载星形联结实训电气原理图

1) 闭合开关 S_1、S_2，按表 6-1 要求测量相关电压、电流，并记录。

2) 断开中性线开关 S_2，观察灯的亮度有无变化。按表 6-1 要求测量相关电压、电流，并记录。

3) 断开 S_1、S_2，确认断电后，将 EL_2、EL_3 分别换上 40W 和 100W 灯泡。合上 S_1、S_2，观察灯的亮度有无变化。按表 6-1 要求测量相关电压、电流，并记录。

4) 再次断开中性线开关 S_2，观察灯的亮度有无变化。按表 6-1 要求测量相关电压、电流，并记录。

表 6-1 三相负载星形联结测量数据

测量数据 实训内容		线 电 压			相 电 压			线电流（相电流）			中性线电流
		U_{UV}	U_{VW}	U_{WU}	U_U	U_V	U_W	I_U	I_V	I_W	I_N
负载对称	有中性线										
	无中性线										
负载不对称	有中性线										
	无中性线										

【注意事项】

在技能训练前一定要做好用电保护措施，防止发生触电事故。

【自评互评】

姓名				互评人			
项目	考核要求		配分	评分标准		自评分	互评分
安装连线	按图样要求正确连线		20	每发现一处错误扣 3 分			
万用表的使用	正确使用万用表测量各电压		20	操作错误，每处扣 5 分			
电压、电流的测量	按表 6-1 正确测量各电压、电流		50	测量结果错误，每处扣 2 分			
安全文明操作	工作台上工具摆放整齐，严格遵守安全操作规程，符合"6S"管理要求		10	违反安全操作、工作台上脏乱、不符合"6S"管理要求，酌情扣 3~10 分			
合计			100				

学生交流改进总结：

教师签名：

【思考与讨论】

1）在三相四线制电路中，为什么中性线上不允许安装熔断器？

2）根据表 6-1 中的数据分析三相负载作星形联结时中性线的作用。

思考与练习

6-1 对称三相交流电是指三个_____相等、_____相同、_____上互差 120°的三个_____的组合。

6-2 三相电源绕组的连接方式有_____和_____。

6-3 三相电路中的相电流是流过_____的电流，线电流是流过_____的电流。

6-4 判断：三相电源的三角形联结和星形联结中都有中性线。（　　）

6-5 判断：三相四线制供电线路中负载对称时，可改为三相三线制而对负载无影响。（　　）

6-6 判断：三相负载作三角形联结时，总有 $I_L=\sqrt{3}I_P$。（　　）

6-7 判断：采用三相四线制供电时，$U_L=\sqrt{3}U_P$。（　　）

6-8 对称三相电路是指（　　）。
A. 三相电源对称的电路　　　　　　B. 三相负载对称的电路
C. 所有的三相电路　　　　　　　　D. 三相电源和三相负载都对称的电路

6-9 有一个相电压为 220V 的三相发电机和一组对称的三相负载。若负载的额定相电压为 380V，则三相负载应作（　　）联结。
A. 星形　　　B. 三角形　　　C. 并联　　　D. 串联

6-10 三相四线制中，中性线的作用是（　　）。
A. 保证三相负载对称　　　　　　　B. 保证三相功率对称
C. 保证三相电压对称　　　　　　　D. 保证三相电流对称

6-11 在楼宇照明电路中，什么情况下三相灯负载的端电压对称？什么情况下三相灯负载的端电压不对称？

6-12 请上网查询并思考为什么向小区或居民楼中送来的电源常是三相四线制。

6-13 三相对称负载，已知 $Z=(3+j4)\Omega$，接于线电压等于 380V 的三相四线制电源上，试分别计算采用星形联结和三角形联结时的相电流、线电流、有功功率、无功功率、视在功率。

第7章 用电技术

知识目标

1. 了解发电、输电和配电过程。
2. 了解电力供电的主要方式和特点。
3. 了解供配电系统的基本组成。
4. 了解节约用电的方式方法。
5. 了解保护接地、保护接零和剩余电流保护的概念及应用。

技能目标

会检查剩余电流断路器是否正常工作,遇漏电事故时,能正确操作。

7.1 电力供电与节约用电

话题引入

电能是迄今为止应用最广泛的能源,可由其他形式的能量转换而来,也可以方便地转换成其他形式的能量,并具有便于输送、分配、使用、控制等优点,被广泛应用于现代工业、农业、交通运输业、科学研究、国防建设领域及人们日常生活中。

7.1.1 电力系统概述

电能是由发电厂生产的,一般要经过升压、输送、降压、分配等中间环节,然后送给用户使用。这些中间环节称为电力网(简称电网),由发电厂、电网和用户等组成的统一整体称为电力系统。

1. 电能的生产

电能生产就是把自然界的一次能源,如煤炭、天然气、水力、核能、石油、太阳能、风能、地热等转换成电能,发电厂是生产电能的工厂,目前主要有以下几类发电厂:

【水力发电厂】 简称水电厂或水电站,是利用水的落差和流量去推动水轮机旋转并带动发电机发电。

【火力发电厂】 简称火电厂或火电站,是通过煤、石油和天然气等燃料燃烧来加热水,产生高温高压的蒸汽，再用蒸汽来推动汽轮机旋转并带动发电机发电。

【核能发电厂】 通常称为核电站，是利用原子核裂变时释放出来的巨大能量来加热水，产生高温高压的水蒸气来推动汽轮机旋转并带动发电机发电。

除此之外，还有风力发电、太阳能发电、地热发电、潮汐发电等。

小知识

三峡水电站：世界最大的水电站

三峡工程全称为长江三峡水利枢纽工程，是迄今世界上最大的水利水电枢纽工程，具有防洪、发电、航运、供水等综合效益。三峡大坝全景图如图 7-1 所示。

图 7-1 三峡大坝全景图

三峡水电站总装机容量 2240 万千瓦，2019 年实现全年发电 968.8 亿千瓦时。

想一想

你都见过哪些电能生产设备？

2. 电能的输送和分配

发电厂发出的电压较低，一般在 10kV 左右，直接输送到远离电厂的城区、工业区很不经济，为了能将电能输送远些，并减少输电损耗，需要采用高压输电。如图 7-2 所示，在发电厂设置升压变电所，通过升压变压器将电压升高到 110kV、220kV 或 500kV 等高压，然后由高压输电线经过远距离传输，送到用电区，在用电区设置降压变电所，经过降压变压器降至低压，如 35kV、10kV 或 6kV，最后经配电线路分配到用电单位，再降压至 380/220V，供电给普通用户。

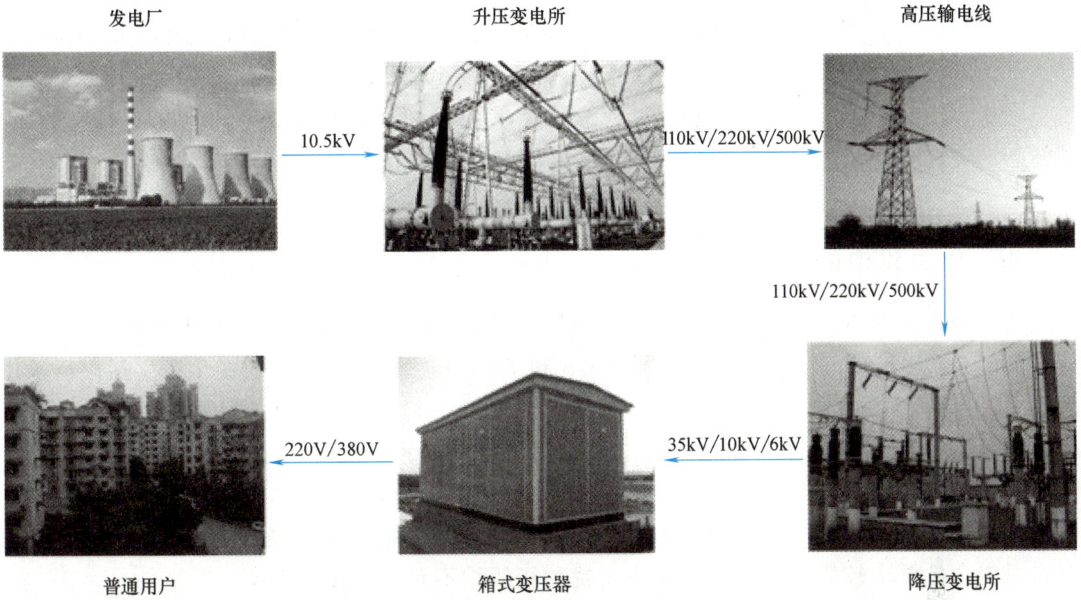

发电厂　　　　　　升压变电所　　　　　高压输电线

10.5kV → 　　110kV/220kV/500kV →

110kV/220kV/500kV ↓

220V/380V ←　　35kV/10kV/6kV ←

普通用户　　　　　箱式变压器　　　　　降压变电所

图 7-2　电能传输示意图

目前我国远距离输电电压有 3kV、6kV、10kV、35kV、63kV、110kV、220kV、330kV、500kV、750kV 等几个等级。输电方式有交流输电和直流输电两种。

3. 变配电及配电方式

1）变配电。变电所的任务是受电、变压和配电；如果只受电和配电，不进行变压，则为配电所。

2）厂区内配电方式有放射式和配电式两种。

3）配电装置指用于受电和配电的电气装置，包括断路器、隔离开关等控制电器，熔断器、继电器等保护电器，母线和各种载流导体，以及用于功率补偿的电力电容器等。

4. 电力用户

电力用户是指电力系统中的用电负荷，电能的生产和传输最终是为了供用户使用。不同用户对供电可靠性的要求不一样。根据用户对供电可靠性的要求及中断供电造成的危害或影响的程度，把用电负荷分为三级：

1）一级负荷：一级负荷为中断供电将造成人身伤亡并在政治、经济上造成重大损失的用电负荷。

2）二级负荷：二级负荷为中断供电将造成主要设备损坏，大量产品被废，连续生产过程被打乱，需较长时间才能恢复，在政治、经济上造成较大损失的负荷。

3）三级负荷：不属于一级和二级负荷的一般负荷，即为三级负荷。

在上述三类负荷中，一级负荷一般应采用两个独立电源供电，其中，一个系统为备用电源。对特别重要的一级负荷，还应增设应急电源。对于二级负荷，一般由两个回路供电，两个回路的电源线应尽量引自不同的变压器或两段母线。对于三级负荷无特殊要求，采用单电源供电即可。

> **提示** 大型工厂和某些负荷较大的大中型企业,往往采用 35~110kV 电源进线,先经过总降压变电所,将电源电压降至 6~10kV,然后经过高压配电线路把电能送到各车间变配电所,再将 6~10kV 的电压降至 380V/220V,供给用电设备。

7.1.2 电力供电的主要方式

我国的低压配电系统,按接地形式的不同,分为 TN 系统、TT 系统、和 IT 系统三大类,最常见的是 TN 系统,它又分为 TN-C、TN-S 和 TN-C-S 三个系统。目前在生产生活广泛采用的是 TN-C 和 TN-S 系统。

【TN-C 系统】 为三相四线制供电方式,如图 7-3 所示。它是 N 线(中性线)和 PE 线(专用保护线)共用的供电系统。N 线与 PE 线合二为一,称为 PEN 线(保护中性线),设备的外壳接在 PEN 线上。PEN 线兼有 N 线和 PE 线的功能,比较经济,可节省导线材料,但在对安全性要求较高以及要求抗电磁干扰的场所均不允许采用该系统。

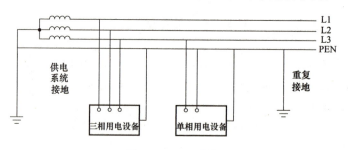

图 7-3 TN-C 系统

> **提示** 在 TN-C 系统中,当发生单相电源碰壳故障时,泄漏电流将经设备外壳引至 PEN 线导入大地,此时,如有人触摸漏电设备外壳,由于工作接地电阻一般很小,约 2~4Ω,而人身电阻相对较大(约 1~2kΩ),因分流作用,流过人体的电流很小,不足以对人构成威胁。

【TN-S 系统】 为三相五线制供电方式,如图 7-4 所示,它是把中性线 N 和专用保护线 PE 严格分开的供电系统,所有设备的外露可导电部分均与公共 PE 线相连。中性线 N 也称

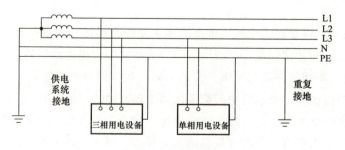

图 7-4 TN-S 系统

工作零线，当三条相线构成工作回路，漏电流回电网，PE 线与相线构成保护回路，漏电流回大地。该系统多用于环境条件较差、对安全可靠性要求较高及用电设备对抗电磁干扰要求较严的场所。

> **提示** 我国在 20 世纪 80 年代之前，交流低压供电系统基本上都采用 TN-C 系统，主要原因是这种供电方式较为经济。目前，在新建的住宅、工厂和商业设施中已普遍采用 TN-S 系统。

实践活动

调查一下，自己家里用的电能，是从什么地方送过来的，中间经过了哪些环节。

7.1.3 节约用电

人类的需求是无止境的，但地球资源却是有限的，因此"节能"已成为世界各国共同的呼声，其中当然也包括节约电能。那么怎样才能节约电能呢？主要从以下几个方面着手。

【加快通用电气设备的节电技术改造】 电动机耗电约占所有工业耗电的 60%，因此应在有条件的情况下，大量采用节能型电动机并采取无功就地补偿，此外，尽快淘汰高能耗、功率因数低的老式电机。

【推广应用新技术、新产品】 照明应尽量采用节能灯具；推广远红外加热技术，提高加热效率；大量采用变频器控制风机、水泵类负载，节能效果显著；电焊机应安装空载自动断电装置；在交流接触器上安装节能消声器等。

【提高功率因数，节约电能消耗】 装设无功补偿设备，如在负载侧装设电容补偿柜、同步补偿器等，可减少电网中的无功电流，降低线路损耗；提高设备利用率，确保设备满载运行；电动机轻载或空载时，功率因数低，对于长时间轻载运行的电动机，可将三角形联结改为星形联结。

【合理选择设备，调整设备使用时间】 选购新设备时，要把高效、节能作为一项重要指标；根据生产实际情况，合理安排设备使用时间，错开用电高峰。

节约用电标识如图 7-5 所示。

想一想

自己每天的生活中，都有哪些地方用电？应该怎么做，才能尽可能多地节约电能？

图 7-5 节约用电标识

7.2 用电保护

话题引入

日常生活中使用的家用电器很多是用单相交流电供电，即只有一根零线和一根相线，可为什么电冰箱插头（如图7-6所示）却有三个电极呢？其实多出来的那个电极接的是保护接地，下面我们就来了解用电保护的常见措施：保护接地和剩余电流保护。

图7-6 三极插头

7.2.1 保护接地

保护接地是将电气设备在正常情况下不带电的金属部分与接地体实行良好的金属性连接，如图7-7所示。通常接地体为角铁或钢管，接地电阻应≤4Ω。

交流220V/380V电网应符合GB 14050—2008《系统接地的型式及安全技术要求》的规定。

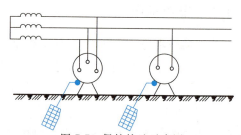

图7-7 保护接地示意图

>> **提示** 变压器的中性线及外壳须采用保护接地措施。当电气设备因绝缘损坏产生漏电，人体触及带电外壳时，相当于与接地电阻并联。由于人体电阻远远大于接地电阻，流过人体的电流很小，从而保证了人体安全。

对于电源中性点直接接地的低压供电系统，通常有两种情况：一种是在三相四线制中，用电设备的金属外壳与PEN线相连，如图7-8a所示；另一种是在三相五线制中，用电设备金属外壳与PE线相连，如图7-8b所示。前者只适用于一般场合，后者适用于对安全及对抗干扰要求较高的场合。

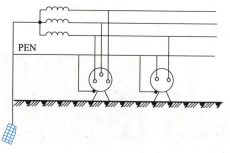

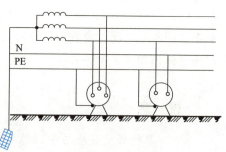

a) TN-C系统　　　　　　　　　　　　b) TN-S系统

图7-8 电源中性点直接接地系统保护接地示意图

如果电气设备的某相绝缘损坏且碰壳时,就形成了该相与 PEN 线或 PE 线之间的单相短路电流,将使电路中的保护电器动作或使该相的熔体熔断,从而切断电源,消除了人触电的危险。

电源中性点直接接地系统保护接地必须注意以下几点:

1) 严防 PEN 线或 N 线断线。
2) 严防电源中性点接地线断开。
3) 系统 PEN 线或 N 线应装设足够的重复接地。

7.2.2 剩余电流保护

在低压配电系统中,剩余电流保护是防止人体触电和设备事故的主要技术手段。常用的剩余电流保护装置为剩余电流断路器。剩余电流断路器由剩余电流检测、放大和驱动跳闸机组成,其保护原理如图 7-9 所示:在被保护电路工作正常、没有发生漏电或触电的情况下,通过互感器 TA 一次侧三相电流的相量和等于零。此时 TA 二次侧不产生感应电动势,剩余电流保护装置不动作,系统保持正常供电。当被保护电路发生漏电或有人触电时,由于剩余电流的存在,通过 TA 一次侧各相负荷电流的相量和不再等于零,TA 二次侧线圈就有感应电动势产生,此信号经中间环节进行处理和比较。当达到预定值时,主开关分励脱扣器线圈 TL 通电,驱动主开关 QF 自动跳闸,迅速切断被保护电路的供电电源,从而实现保护。

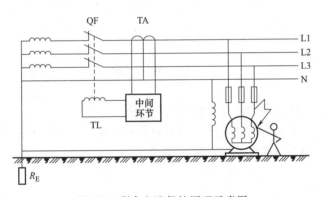

图 7-9 剩余电流保护原理示意图

剩余电流断路器外形如图 7-10 所示,除作剩余电流保护之用外,同时还具有过载保护和短路保护功能。

图 7-10 剩余电流断路器外形

> **提示** 剩余电流断路器一般装在干燥、通风、清洁的室内配电盘上,并应垂直安装;在日常使用中,应每月检查一次试验按钮,看剩余电流断路器动作是否正常;使用中,如剩余电流断路器动作,必须查明原因,找出故障,严禁强行连续送电。

想一想

图 7-6 中电冰箱插头保护接地线起什么作用?

实践活动

参观发电厂

在专业人员的指导下,参观发电厂,了解电能的生产、输送和主要供电方式。

思考与练习

7-1 电力系统由发电厂、_____和用户组成。

7-2 TN 供电系统可分为_____、_____、_____三种方式。

7-3 你知道剩余电流保护的原理是什么吗?

7-4 请大家上网查询电力的生产、输送和分配过程。

7-5 请大家上网查询供配电系统的组成。

第8章 常用电器

知识目标

1. 了解常见照明灯具、新型电光源及其应用。
2. 了解单相变压器的基本结构和相关参数。
3. 理解变压器的工作原理及电流比、电压比的概念。
4. 了解变压器的外特征、损耗及效率。
5. 了解三相交流异步电动机的基本结构、转动原理和铭牌参数。
6. 理解三相异步电动机机械特性的含义。
7. 了解常用低压电器的结构、工作原理和应用场合。

技能目标

1. 会根据照明需要合理选用灯具及根据工作场合合理选用低压电器。
2. 能使用绝缘电阻表测试变压器和异步电动机绕组间及绕组对铁心的绝缘电阻。

8.1 照明灯具

话题引入

在19世纪电灯问世之前，人们普遍使用的照明工具是煤油灯或蜡烛。这虽已冲破黑夜的束缚，但仍未能把人类从黑夜的限制中彻底解放出来。在各种各样的电灯发明出来后，世界才大放光明，人类赢得更多时间为社会创造更多财富。

8.1.1 常用照明灯具

1. 白炽灯

【外形】　白炽灯是使用最普遍的电光源，一般有插口和螺口两种，外形如图 8-1a 所示。

【结构及接法】　白炽灯的结构如图 8-1b 所示，它的灯丝由钨丝制成，灯丝绕成单螺旋状或双螺旋状。白炽灯电路接法如图 8-1c 所示，使用时应注意将相线通过开关接到灯头的中心接点上。

a) 外形　　　　　　b) 结构　　　　　　c) 接线图

图 8-1　白炽灯

【特点及适用场合】　白炽灯结构简单、价格低廉、使用方便，但是它的发光效率较低，只能将约 5%~10% 的电能转化为光能，使用寿命较短，且耐振性较差。因此，对于需长期照明的地方，应选用效率更高的节能灯。

 小知识

为什么把白炽灯换成节能灯属于低碳行动？

我国大部分地区发电都是采用火力发电，就是用煤燃烧产生的热能来发电，这样就会排出 CO_2。使用节能灯可以减少耗能，自然就减少了煤的燃烧，也就等同于减少了 CO_2 的排放。

2. 荧光灯

【外形】　荧光灯外形如图 8-2a 所示，传统的荧光灯套件主要由灯管、电感式镇流器（见图 8-2b）、辉光启动器和灯架等部分组成。目前，市场上较多采用的是由灯管、灯架和电子式镇流器（见图 8-2c）构成的荧光灯套件。电子式镇流器与电感式镇流器相比，有价格便宜、体积小、启辉快、接线简单等优点。

 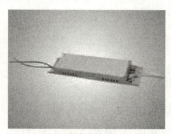 

a) 荧光灯外形　　　　　b) 电感式镇流器　　　　　c) 电子式镇流器

图 8-2　荧光灯及镇流器外形

【结构及接法】 灯管结构如图 8-3a 所示，灯管两端分别装有一组灯丝与灯脚相连。灯管内抽成真空，再充以少量惰性气体<u>氩</u>和微量的<u>汞</u>，灯管内壁涂有一层荧光粉。

荧光灯的接线原理图如图 8-3b、c 所示。

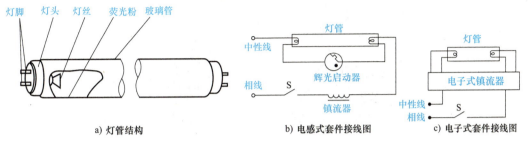

图 8-3 结构及接法

【特点及适用场合】 与白炽灯相比，荧光灯发光效率高、使用寿命长、光色好，缺点是功率因数比较低，还存在<u>频闪效应</u>（灯光随电流的周期性变化而频繁闪烁），适用于需要照度高的室内场所（例如教室、办公室和轻工车间），<u>但不适合有转动机械的场所照明</u>。

3. 碘钨灯

【外形及结构】 碘钨灯外形如图 8-4 所示，其结构如图 8-5 所示，主要由石英玻璃管制成，两端装有与外电源连接的电极，并用灯丝贯穿整个石英管，灯丝中间用等距离的灯丝支架支持。

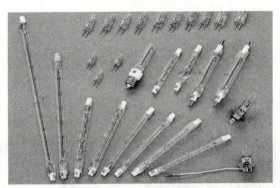

图 8-4 碘钨灯

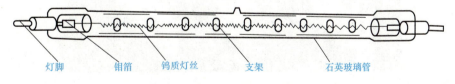

图 8-5 碘钨灯结构

【特点及适用场合】 与白炽灯比较，光效提高 30%，寿命增长 50%，具有体积小、功率大、能够瞬时点燃、可调光等特点。但卤钨灯的耐振性差，安装时灯管必须保持水平（<u>倾角不得大于 4°</u>），否则容易将灯管烧坏，这种灯多用于较大空间、要求高照度的场所。

4. 高压钠灯

【外形及结构】 高压钠灯的外形如图8-6a所示，结构如图8-6b所示。

a) 外形　　　　　　　　　　　　b) 结构

图8-6　高压钠灯的外形和结构

【特点及适用场合】 高压钠灯的发光光谱集中在人眼比较敏感的区间，且寿命长，具有光效高、紫外线辐射小、透雾性能好、可任意位置点燃、耐振等特点，但显色性差，启动时间也较长。它广泛用于道路照明，与其他光源混光后，可用于照度要求较高的高大空旷的场所照明。

8.1.2　新型电光源

1. 节能灯

节能灯外形如图8-7所示。为了使用和安装方便，将其灯管弯曲成H形、U形、W形等，使灯管由带状发光变成局部集中发光。节能灯具有光效高（是普通灯泡的5倍）、节能效果明显（即一只7W的紧凑型节能灯的亮度相当于一只40W的白炽灯的亮度，节电率高达80%）、寿命长（是普通灯泡的8倍）、体积小、使用方便等优点。

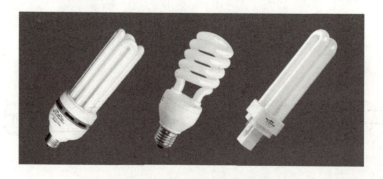

图8-7　节能灯外形

> **提示**　节能灯使用时不能频繁地开与关，否则会缩短其使用寿命。在需要调光的场合也不宜使用。

小知识

某家庭按使用 15 只灯泡计算电费

普通灯泡电费：

15 只灯×40W/只×5h/天×30 天＝90000W·h＝90 度

每月电费＝90 度×0.5 元/度＝45 元

节能灯的电费：

15 只灯×8W/只×5h/天×30 天＝18000W·h＝18 度

每月电费＝18 度×0.5 元/度＝9 元

比较：这个家庭使用节能灯后每月可以节省电费：45 元－9 元＝36 元，一年就可以节省电费 432 元。

多说一句：由于白炽灯的高能耗，世界各国逐步淘汰白炽灯，推广使用节能灯。

2. 金属卤化物灯

金属卤化物灯外形如图 8-8 所示，灯内充入钠、铊、铟、镝、钪等金属卤化物。它具有光效高、光色好的特点，常用于体育活动室及电视转播现场照明。

3. 氙灯

氙灯外形如图 8-9 所示，是一种充有高气压氙气的大功率的气体放电灯，功率可以从一万瓦到几十万瓦，高压氙气放电时能产生很强的白光，接近连续光谱，和太阳光十分相似，故有"人造小太阳"之美称。氙灯的工作温度很高，仅靠自然冷却不行，需要强迫冷却，或者用风冷、水冷。它适于广场、公园、体育场、大型建筑工地、露天煤矿、机场等地方的大面积照明，一般工厂照明中不用。

图 8-8 金属卤化物灯外形

图 8-9 氙灯外形

4. LED 灯

LED 即半导体发光二极管，LED 灯是用高亮度白色发光二极管作光源，其外形如图 8-10 所示，作为第四代电光源，被称为"绿色照明光源"，属于冷光源，发热量低，可以安全触摸，自身对环境没有任何污染，与白炽灯、荧光灯相比，节电效率可以达到 90% 以上，发光效率是节能灯的 3~5 倍且可调性好，目前价格也很便宜。LED 已广泛用于民居照明、景观照明等,是今后照明发展的方向。

a) 单只LED　　　　　　　b) LED交通信号灯　　　　　　c) LED手电筒

图 8-10　LED 灯外形

 小知识

LED 灯与节能灯比较

	LED 灯	节能灯
节能	约为节能灯的 1/4~1/2,白炽灯的 1/10	白炽灯的 1/5
寿命	可达 10 万小时以上,可以工作在高速状态	普通节能灯约为 8000h,但频繁开关时灯丝就会发黑,寿命减损快
发热	90%的电能转化为可见光,基本上不用考虑散热	光效是白炽灯的 5 倍以上,但仍需考虑散热问题
材料	固态封装,不怕振动	玻璃制品,易碎,怕振动
环保	没有汞污染,没有频闪;没有红外和紫外的成分,没有辐射污染,组件容易拆装,不用专门厂家回收	部分有汞污染,不便回收。节能灯中的电子镇流器会产生电磁干扰
价格	价格贵	相对低廉

 想一想

工厂车间内的照明,你认为应该推荐哪几种灯具?

 **实践活动**

寻找电光源

每组 3~5 人,在专业人员的指导下,搜寻我们周围能见到的各种电光源,观察并记录,了解它们的外形、使用场合及特点。

8.2 变压器

话题引入

发电厂生产出来的电能为了便于运输并减小线路损耗,一般都变换成高压电,但工厂的机电设备及家用电器通常只需要 380V 或 220V 的低压电,完成电压变换使命的设备叫作变压器,它对电能的经济输送、灵活分配和安全用电具有重要意义。

8.2.1 变压器概述

变压器是一种静止的电气设备,它根据需要可以将一种交流电压和电流等级转变成同频率的另一种电压和电流等级,在电气测试、控制和特殊用电设备上有广泛的应用。

电力系统中使用的变压器称作电力变压器,可分为升压变压器、降压变压器、配电变压器和厂用变压器等,是电力系统中的重要设备。由交流电功率 $P=\sqrt{3}UI\cos\varphi$ 可知,如果输电线路输送的电功率 P 及功率因数 $\cos\varphi$ 一定,电压 U 越高时,线路电流 I 越小,则输电线路上的压降损耗和功率损耗也就越小;同时还可以减小输电线的截面积,节省材料,达到减小投资和降低运行费用的目的。由于发电厂的交流发电机受绝缘和工艺技术的限制,通常输出电压为 10.5kV 或 16kV,而一般高压输电线路的电压为 110kV、220kV、330kV 或 500kV,因此需用升压变压器将电压升高后送入输电线路。当电能输送到用电区后,为了用电安全,又必须用降压变压器将输电线路上的高电压降为配电系统的配电电压,然后再经过降压变压器降压后供电给用户。

另外,变压器的用途还很多,如测量系统中使用的仪用互感器,可将高电压变换成低电压或将大电流变换成小电流,以隔离高压和便于测量;用于实验室的自耦调压器,则可任意调节输出电压的大小,以适应负载对电压的要求;在电子线路中,除了电源变压器外,变压器还用来耦合电路、传递信号、实现阻抗匹配等。

为了达到不同的使用目的并适应不同的工作条件,变压器可以从不同的方面进行分类。

1) 按用途分类:变压器可以分为电力变压器和特种变压器两大类。特种变压器根据不同系统和部门的要求,提供各种特殊电源和用途,如电炉变压器、整流变压器、电焊变压器、仪用互感器、试验用高压变压器和调压变压器等。

2) 按铁心结构分类:变压器可分为壳式变压器和心式变压器。

3) 按相数分类:变压器可分为单相变压器、三相变压器和多相变压器。

尽管变压器的种类繁多,但它们都是利用电磁感应原理制成的。

8.2.2 变压器的基本结构

【外形及符号】 单相变压器外形如图 8-11a 所示,文字符号为 T,图形符号如图 8-11b 所示。

【结构】 变压器由闭合铁心和套在铁心上的线圈(绕组)构成,铁心和线圈是变压器的基本组成部分。

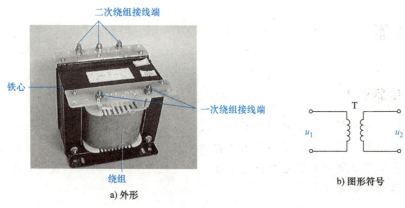

图 8-11 变压器的外形和图形符号

a）铁心：变压器的磁路部分。为了减小铁心内部的涡流损耗和磁滞损耗，铁心一般采用磁导率高而又相互绝缘的硅钢片（0.35~0.5mm厚）叠制而成。变压器根据铁心的结构形式不同可分为心式变压器和壳式变压器两大类，分别如图 8-12 和图 8-13 所示。

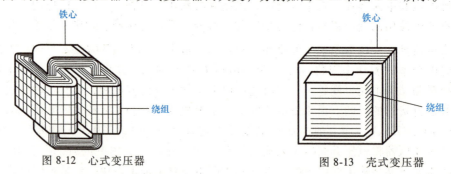

图 8-12 心式变压器　　　　图 8-13 壳式变压器

b）绕组（线圈）：变压器的线圈通常称为绕组，它是变压器中的电路部分，一般用漆包圆铜线绕制而成，绕组与绕组及绕组与铁心之间都是互相绝缘的。与电源相连的绕组叫<u>一次绕组</u>，与用电设备连接的绕组称为<u>二次绕组</u>。<u>绕组与铁心之间相互绝缘</u>。

8.2.3 单相变压器的基本工作原理

在一般情况下，变压器的损耗和漏磁通都是很小的。在将它们都忽略不计的情况下，分析变压器的电压变换作用和电流变换作用。

【变换交流电压】　如图 8-14 所示，在变压器的一次绕组接入交流电源，则在一次绕组中就有交变电流流过，交变电流将在铁心中产生交变磁通，这个变化的磁通经过闭合磁路同时穿过一次绕组和二次绕组，可认为穿过一、二次绕组的交变磁通相同，因而这两个绕组中的每匝线圈所产生的感应电动势相等。设一次绕组的匝数为 N_1，二次绕组的匝数是 N_2，穿过它们的磁通是 Φ，那么，一、二次绕组中产生的感应电动势分别为

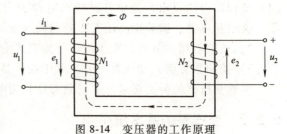

图 8-14 变压器的工作原理

$$e_1 = -N_1 \frac{\Delta \Phi}{\Delta t} \ ; \ e_2 = -N_2 \frac{\Delta \Phi}{\Delta t}$$

由此可得电动势有效值与匝数的关系为

$$\frac{E_1}{E_2} = \frac{N_1}{N_2} \tag{8-1}$$

在一次绕组中,根据楞次定律,感应电动势 e_1 起着阻碍电流变化的作用,与加在一次绕组两端的电压 U_1 相平衡。一次绕组的电阻很小,如果略去不计,则有 $U_1 \approx E_1$。二次绕组相当于一个电源,感应电动势 E_2 相当于电源的电动势。二次绕组的电阻也很小,略去不计,二次绕组就相当于无内阻的电源,因而二次绕组两端的电压 U_2 等于感应电动势 E_2,即 $U_2 \approx E_2$,因此得到

$$\frac{U_1}{U_2} \approx \frac{E_1}{E_2} = \frac{N_1}{N_2} = k \tag{8-2}$$

式中,k 称为 电压比。

可见,变压器一、二次绕组的端电压之比等于一、二次绕组的匝数比。当 $k>1$ 时,$U_1>U_2$,为降压变压器;$k<1$ 时,$U_1<U_2$,为升压变压器。改变 k 值就可获得不同的 U_2,从而达到电压变换的目的。

【变换交流电流】 由上面的分析知道,变压器能从电网中获得能量,并通过电磁感应进行电压变换后,再把电能输送给负载。根据能量守恒定律,在不计变压器内部损耗的情况下,变压器输出的功率和它从电网中获得的功率相等,即 $P_1 = P_2$。根据交流电功率的公式 $P = UI\cos\varphi$ 可得

$$U_1 I_1 \cos\varphi_1 = U_2 I_2 \cos\varphi_2$$

式中,$\cos\varphi_1$ 是一次绕组电路的功率因数;$\cos\varphi_2$ 是二次绕组电路的功率因数;φ_1 和 φ_2 通常相差很小,在实际计算中可以认为它们相等,因而得到:

$$U_1 I_1 \approx U_2 I_2 \tag{8-3}$$

即

$$\frac{I_1}{I_2} \approx \frac{N_2}{N_1} = \frac{1}{k}$$

可见:变压器工作时,一、二次绕组中的电流跟绕组的匝数成反比。变压器的高压绕组匝数多而通过的电流小,可用较细的导线绕制;低压绕组匝数少而通过的电流大,应当用较粗的导线绕制。

练一练

判别变压器一、二次绕组

在专业人员的指导下,选取一个电源变压器,如图 8-15 所示,用万用表测量各接线端之间电阻值,因为家用电器电源变压器通常为降压变压器,所以测得电阻值小的一组是二次绕组,电阻值大的一组为一次绕组。如电阻为无穷大,说明两个接线端不属于同一个绕组。

图 8-15 判断变压器一、二次绕组

8.2.4 变压器的参数

1. 额定值

生产厂商所拟定的变压器满负荷运行情况叫作额定运行，额定运行时电压、电流、功率等的规定数值叫变压器的额定值。这些额定值都会标在变压器的铭牌上。

【额定容量 S_N】 表示在额定使用条件下变压器的输出能力，用视在功率表示。

【额定电压 U_{1N} 和 U_{2N}】

a) 一次绕组的额定电压 U_{1N}：加在一次绕组上的正常工作电压值。

b) 二次绕组额定电压 U_{2N}：变压器空载时，一次绕组加上额定电压后，二次绕组两端的电压值。

【额定电流 I_{1N} 和 I_{2N}】 指根据变压器允许发热的条件而规定的满载电流值。变压器的额定电流值取决于变压器的构造和所用材料，使用变压器时一般不能超过其额定电流值。

2. 损耗

变压器的损耗包括铁损 P_{Fe}（变压器铁心中的磁滞损耗和涡流损耗）和铜损 P_{Cu}（线圈导线电阻通电产生的损耗），即

$$P = P_{Fe} + P_{Cu} \tag{8-4}$$

3. 效率

变压器的效率也就是变压器的输出功率 P_2 与输入功率 P_1 的百分比，即

$$\eta = \frac{P_2}{P_1} \times 100\% \tag{8-5}$$

> **提示** 变压器的效率较高，大容量变压器的效率可达到 98%~99%，小容量变压器的效率约为 70%~80%。

4. 变压器的外特性

变压器的外特性是指变压器的一次电压 U_1 和负载功率因数 $\cos\varphi$ 都一定时，二次电压 U_2 随二次电流 I_2 变化的关系，一般用电压变化率 $\Delta U\%$ 表示，其定义为变压器空载时二次端电压 U_{2N} 和有载时二次端电压 U_2 之差与 U_{2N} 的百分比，即

$$\Delta U\% = \frac{U_{2N} - U_2}{U_{2N}} \times 100\% \tag{8-6}$$

> **提示** 电压变化率是变压器的主要性能指标之一，人们总希望电压变化率越小越好。对于电力变压器，一般在 5% 左右。

想一想

如何识别一台标识为 220V/28V 的电源变压器，哪两根线是 220V 电源进线？

实践活动

寻找变压器

每组 3~5 人,在专业人员的指导下,寻找我们周围能见到的各种变压器,观察并记录,了解它们的外形、使用场合及作用。

8.3 常见变压器

 话题引入

高压输电线上的电压和电流是无法直接用仪表测量的,我们需要将高电压和大电流通过仪用互感器转换为低电压和小电流,其原理是利用变压器的工作原理来实现的。还有我们生活中见到的电焊机,也是特殊变压器的一种。

8.3.1 三相电力变压器

电能从发电厂到用户的整个输送过程中,需要经过 3~5 次电压变换。由此可见,电力变压器的应用是十分广泛的,而且它对电能的经济传输、合理分配是十分重要的。三相电力变压器如图 8-16 所示。

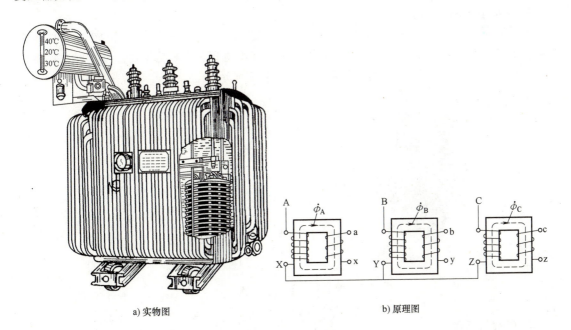

a) 实物图　　　　　　　　　　　　b) 原理图

图 8-16　三相电力变压器

8.3.2 自耦变压器

自耦变压器也称为自耦调压器,二次绕组是一次绕组的一部分,一、二次绕组不但有磁的联系,也有电的联系。它的最大特点就是可以通过转动手柄来获得一次侧、二次侧所需要的各种电压。

自耦变压器在不需要一次侧、二次侧隔离的场合都有应用,具有体积小、耗材少、效率高的优点。常见的交流(手动旋转)调压器、家用小型交流稳压器内的变压器、三相电动机自耦减压起动箱内的变压器等,都是自耦变压器的应用范例。自耦调压器如图8-17所示。

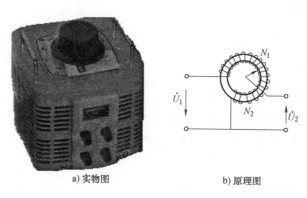

a) 实物图   b) 原理图

图 8-17 自耦调压器

8.3.3 仪用互感器

1. 电压互感器

电压互感器的一次绕组匝数很多,并联于待测电路两端;二次绕组匝数较少,与电压表及电度表、功率表、继电器的电压线圈并联。用于将高电压变换成低电压。使用时二次绕组不允许短路。电压互感器的实物图及原理图如图8-18所示。

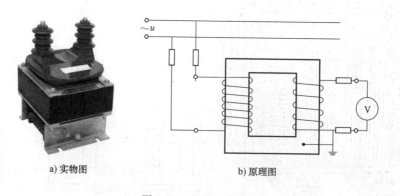

a) 实物图   b) 原理图

图 8-18 电压互感器

2. 电流互感器

电流互感器一次绕组线径较粗,匝数很少,与被测电路负载串联;二次绕组线径较细,匝数很多,与电流表及功率表、电度表、继电器的电流线圈串联。用于将大电流变换为小电流。使用时二次绕组电路不允许开路。电流互感器的实物图及原理图如图 8-19 所示。

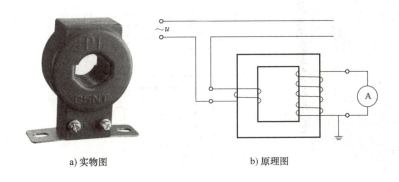

a) 实物图　　　　　　　　b) 原理图

图 8-19　电流互感器

小知识

互感器和变压器的关系

互感器和变压器的工作原理相同,都是运用电磁感应原理来工作的。变压器的作用是将一种等级的电压变换成另一种等级的同频率的电压,它只能实现电压的变换,不能实现功率的变换。互感器分为电压互感器和电流互感器。

电压互感器的作用是供给测量仪表、继电器等电压,从而正确地反映一次电气系统的各种运行情况;使测量仪表、继电器等二次电气系统与一次电气系统隔离,以保证人员和二次设备的安全;将一次电气系统的高电压变换成统一标准的低电压值(100V,100/1.732V,100/3V)。

电流互感器的作用与电压互感器的作用基本相同,不同之处是电流互感器是将一次电气系统的大电流变换成标准的 5A 或 1A 电流供给继电器、测量仪表的电流线圈。

8.3.4　电焊变压器

交流弧焊机实质是一种特殊的降压变压器,因此也称为电焊变压器。它靠电弧放电的热量来融化焊条和金属,以达到焊接金属的目的。交流电焊机示意图如图 8-20 所示。

电焊变压器必须满足下列要求:

1) 具有较高的起弧电压。起弧电压应达到 60~70V,额定负载时约为 30V。

2) 起弧以后,要求电压能够迅速下降,同时在短路时(如焊条碰到工件上,二次侧输出电压为零)二次电流也不要过大,一般不超过额定值的两倍。也就是说,电焊变压器要具有电位陡降的外特性。

3) 为了适应不同的焊接要求,要求电焊变压器的焊接电流能够在较大的范围内进行调节,而且工作电流要比较稳定。

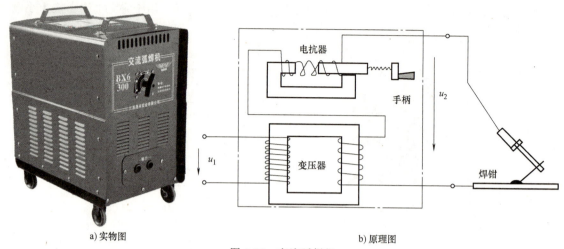

图 8-20 交流弧焊机 （a) 实物图　b) 原理图）

8.4 常用低压电器

话题引入

接通和断开电路或调节、控制、检测、保护电路及电气设备的电工器具称为电器。工作在交流 1200V、直流 1500V 及以下电路中的电器都属于低压电器。

8.4.1 熔断器

【外形及符号】 熔断器外形及图形符号如图 8-21 所示，文字符号用 FU 表示。

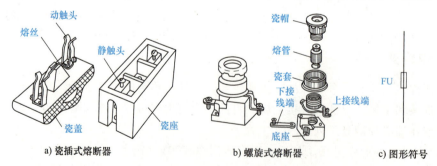

图 8-21 熔断器 （a) 瓷插式熔断器　b) 螺旋式熔断器　c) 图形符号）

【用途】 熔断器是一种使用广泛的短路保护电器，其主体是用低熔点金属丝或金属薄片制成的熔体，串联在被保护的电路中。它是根据电流的热效应原理工作的，在正常情况下，熔体相当于一根导线；当发生短路或过载时，电流很大，熔体因过热会迅速熔化，从而在设备和线路被损坏前分断电路而起到保护作用。

> **提示**　　　　　　　　　　　选择熔断器的注意事项
> 1）对于电炉和照明等电阻性负载，熔断器可用作过载保护和短路保护，熔体的额定电流应稍大于或等于负载的额定电流。
> 2）电动机的起动电流很大，熔体的额定电流应考虑起动时熔体不能断而选得较大，因此对电动机只宜用作短路保护而不能用作过载保护。熔体的额定电流应不小于电动机额定电流的1.5~2.5倍。
> 3）在多级熔断器保护配电系统中，后一级熔体的额定电流比前一级熔体的额定电流至少大一个等级，以防止熔断器越级熔断而扩大停电范围。

8.4.2 电源开关

1. 刀开关

【外形及符号】　常用的刀开关有开启式负荷开关，又叫胶盖闸刀开关，外形如图8-22a所示，是一种手动电器，其文字符号为QS，图形符号如图8-22b所示。

【用途】　这种开关结构简单，价格低廉，安装、使用、维修方便，广泛用作照明电路和小容量（5.5kW及以下）动力电路不频繁起动的控制开关。

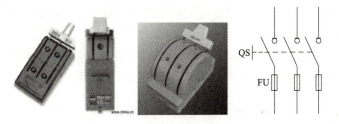

a) 外形　　　　　　　　b) 图形符号
图8-22　开启式负荷开关

> **提示**　　　　　　　　　　　使用刀开关的注意事项
> 1）刀开关在安装时，底座应与地面垂直，手柄向上推为合闸，不得倒装或平装，以避免由于重力自动下落而引起误动合闸。
> 2）刀开关一般与熔断器串联使用，以便在短路或过负荷时熔断器中熔体熔断，自动切断电源。接线时，应将电源线接在上端，负载线接在下端，这样拉闸后刀开关的刀片与电源隔离，既便于更换熔丝，又可防止可能发生的意外事故。

2. 转换开关

【外形及符号】　转换开关又名组合开关，外形如图8-23a所示，其内部包含三对静触片、三对动触片，通过转动手柄，即可完成三组触片（点）之间的开合或切换。它的文字及图形符号如图8-23b所示。

【用途】　转换开关也属于手动控制电器，可作为电源引入开关，或用于5.5kW以下电动机的直接起动、停止、反转和调速等。

a) 外形　　　　　　　　　b) 图形符号

图 8-23　转换开关

> **提示**
> 使用转换开关的注意事项
> 转换开关本身不带过载和短路保护装置，在它所控制的电路中，必须另外加装保护装置，才能确保电路和设备的安全。

8.4.3　交流接触器

【外形及符号】　常见交流接触器外形如图 8-24a 所示，它主要由电磁机构和触头系统两部分组成，其文字及图形符号见图 8-24b。根据用途不同，接触器的触头分主触头和辅助触头。辅助触头通过较小的电流，常接在电动机的控制电路中；主触头能通过较大的电流，常接在电动机的主电路中。

【用途】　它是一种通过电磁机构动作，频繁地接通或分断主电路的远距离操纵电器，广泛应用于电动机控制、电热设备、小型发电机、电焊机和机床电路上。

线圈　　主触头　　常开辅助触点　　常闭辅助触点

a) 外形　　　　　　　　　　b) 图形符号

图 8-24　交流接触器

> **提示**
> 使用交流接触器的注意事项
> 交流接触器线圈电压必须与控制电源电压一致，常用的电压有交流 110V、220V、380V 等。交流接触器主触头额定电流应大于被控制电路的最大工作电流。

8.4.4　主令电器

主令电器是指在电气自动控制系统中用来发出信号指令的电器。它的信号指令将通过继电器、接触器和其他电器的动作，接通和分断被控制电路，以实现对电动机和其他生产机械的远距离控制。目前在生产实际中应用最广的主令电器有按钮和行程开关等。

1. 按钮

【外形及符号】 按钮又叫按钮开关或控制按钮，其外形如图 8-25a 所示，它主要由按钮帽、复位弹簧、动断（常闭）触头、动合（常开）触头等组成，其文字及图形符号如图 8-25b 所示。

a) 外形　　　　　　　　　　　b) 图形符号

图 8-25　按钮

【用途】 按钮是一种手动且一般可以自动复位的电器。它只能短时接通或分断 5A 以下的小电流电路，向其他电器发出指令性的电信号，控制其他电器动作，不能直接用它控制主电路的通断。

> **提示**　　　　　　　　　使用按钮的注意事项
> 　　　通常，红色按钮用于"停止""断电"或"事故"，绿色按钮用于"起动"或"通电"。

2. 行程开关

【外形及符号】 行程开关又叫限位开关或位置开关，外形如图 8-26a 所示，其文字及图形符号如图 8-26b 所示。

a) 外形　　　　　　　　　　　b) 图形符号

图 8-26　行程开关

【用途】 行程开关是靠生产机械的某些运动部件与它的传动部位发生碰撞，令其内部触头动作，分断或切换电路，从而限制生产机械行程、位置或改变其运动状态，令生产机械停车、反转或变速等。

练一练

按钮触头的测试

如图 8-27 所示，将万用表转换开关置于蜂鸣器档，用红、黑表笔测试按钮的任意两个触头。如果按钮未动作时，蜂鸣器响；而按下按钮时，蜂鸣器不响，则该对触头为按钮的常闭触头。反之，则为常开触头。如果前后两次，蜂鸣器都不响，表明这两个触头不是一组。

图 8-27　按钮触头测试

8.4.5　继电器

继电器主要用于控制和保护电路中进行信号转换。它具有输入电路（又称感应元件）和输出电路（又称执行元件），当感应元件中的输入量（如电流、电压、温度、压力等）变化到某一定值时继电器动作，执行元件便接通或断开控制电路。

继电器种类繁多，常用的有电流继电器、电压继电器、中间继电器、时间继电器、热继电器以及温度继电器、压力继电器、计数继电器、频率继电器等。

1. 电流继电器

【外形及符号】　电流继电器线圈匝数少，导线粗，线圈阻抗小。可分为欠电流继电器和过电流继电器两类。外形如图 8-28 所示，文字与图形符号如图 8-29 所示。欠电流继电器的吸引电流为线圈额定电流的 30%～65%，释放电流为额定电流的 10%～20%，因此，在电路正常工作时，衔铁是吸合的，只有当电流降低到某一整定值时，继电器才释放，输出信号。过电流继电器在电路正常工作时不动作，当电流超过某一整定值时才动作，整定范围通常为 1.1～4 倍额定电流。

【用途】　电流继电器的线圈串接在被测量的电路中，以反映电路电流的变化。在机床

a) 欠电流继电器

b) 过电流继电器

图 8-28　电流继电器

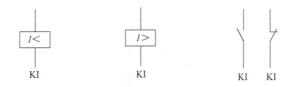

a) 欠电流继电器线圈 b) 过电流继电器线圈 c) 继电器常开、常闭触头

图 8-29 电流继电器的图形符号

电气控制系统中，电流继电器主要根据主电路内的电流种类和额定电流来选择。

2. 电压继电器

【外形及符号】 电压继电器的结构与电流继电器相似，不同的是电压继电器线圈为并联的电压线圈，所以匝数多、导线细、阻抗大。其外形如图 8-30 所示，文字与图形符号如图 8-31 所示。电压继电器按动作电压值的不同，有过电压继电器和欠电压继电器。过电压继电器在电压为额定电压的 110%～115% 以上时有保护动作；欠电压继电器在电压为额定电压的 40%～70% 时有保护动作。

图 8-30 电压继电器

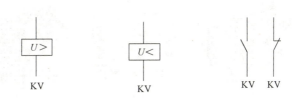

a) 过电压继电器线圈 b) 欠电压继电器线圈 c) 继电器常开、常闭触头

图 8-31 电压继电器的图形符号

【用途】 对连续运行的电动机和其他用电设进行保护。

3. 中间继电器

【外形及符号】 中间继电器实质上是电压继电器的一种，它的触头数多（有六对或更多），触头电流容量大，动作灵敏。

【用途】 中间继电器的主要用途是当其他继电器的触头数或触头容量不够时，可借助中间继电器来扩大触头数或触头容量，从而起到中间转换的作用。

4. 时间继电器

【外形及符号】 时间继电器是一种用来实现触头延时接通或断开的控制电路，按其动作原理与构造不同，可分为电磁式、空气阻尼式、电动机和晶体管式等类型。机床控制电路中应用较多的是空气阻尼式时间继电器，目前晶体管式时间继电器也获得了越来越广泛的应用。其外形如图 8-32 所示，图形符号如图 8-33 所示。

【用途】 时间继电器按整定时间长短通断电路。

图 8-32 晶体管式时间继电器的外形

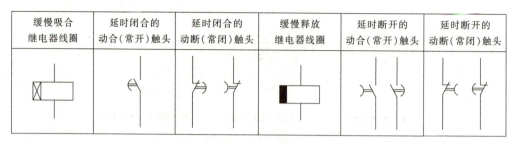

图 8-33　时间继电器的图形符号

5. 热继电器

【外形及符号】　热继电器外形如图 8-34a 所示，文字与图形符号如图 8-34b 所示。目前使用最普遍的是双金属片式热继电器。电动机正常运行时，热继电器不会动作。当电动机发生过载且电流超过一定值时，热继电器内两种膨胀系数不同且粘在一起的金属片由于热效应，向膨胀系数小的一侧弯曲，由弯曲产生的位移带动其触头动作，从而控制电路切断电动机的工作电源。

a) 外形　　　　　　　　　　　　　　　b) 图形符号

图 8-34　常见热继电器

【用途】　对连续运行的电动机和其他用电设备进行过载保护，以防止电动机因过热而烧毁。

> **提示**　通过调节旋钮使热继电器的工作电流等于或略大于电动机的实际工作电流。选择过小会造成电路频繁跳闸；选择过大则起不到"过载保护"作用。

＊技　能　训　练

技能训练指导 8-1　绝缘电阻表的使用

绝缘电阻表又称兆欧表或摇表，外形如图 8-35 所示，是一种高值电阻测量仪表。一般用来检验电气设备和器材的电气绝缘程度。

绝缘电阻表的使用方法：

1) 绝缘电阻表使用前首先进行开路、短路实验。在绝缘电阻表不接任何被测物时，转动手摇发电机,指针应指向"∞";当瞬间短路"L"和"E"端子时,指针指向"0",说明绝缘电阻表正常。

2) 将绝缘电阻表放置平稳、牢固,将被测物表面擦干净,以减小测量误差。

3) 正确接线:绝缘电阻表有三个接线柱:线路(L)、接地(E)、屏蔽(G)。根据不同测量对象,作相应接线,如图8-36所示。测量线路对地绝缘电阻时,E端接地,L端接于被测线路上;测量电动机或设备绝缘电阻时,E端接电动机或设备外壳,L端接被测绕组的一端;测

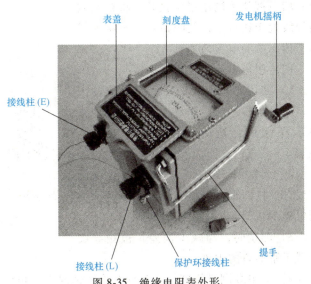

图 8-35 绝缘电阻表外形

量电动机或变压器绕组间绝缘电阻时先拆除绕组间的连接线,将E、L端分别接于被测的两相绕组上;测量电缆绝缘电阻时E端接电缆外表皮(铅套)上,L端接线芯,G端接芯线最外层绝缘层上。

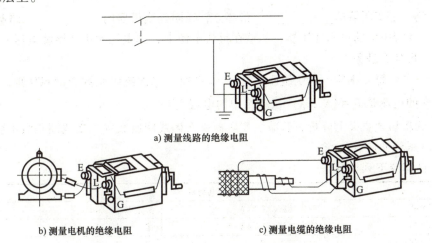

图 8-36 绝缘电阻表的接法

4) 依顺时针方向由慢到快摇动手柄,直到转速达 120r/min 左右,应保持手柄的转速均匀、稳定,一般转动 1min,待指针稳定后读数。

5) 测量完毕,待绝缘电阻表停止转动和被测物接地放电后方能拆除连接导线。

技能训练指导 8-2 钳形电流表的使用

钳形电流表外形如图 8-37a 所示,是一种用于测量正在运行的电气线路中交流电流大小的仪表。与万用表相比,可以在不断开电源的情况下,直接测量流过线路的电流。

使用时,如图 8-37b 所示,首先估计被测电流的大小,将转换开关调至需要的测量档

位；然后握住手柄使钳口张开，将被测载流导线置于钳口中，关闭钳口，直接从屏幕上读出被测电流值即可。

使用钳形电流表时要注意：

1）使用时如无法估计测量电流的大小，应将量程开关拨到最大量程档上，再逐步降低到合适的量程，以免烧坏电流表。

2）测量时，钳口只能夹住一根被测导线，夹住两根或三根导线都不能正确检测电流。

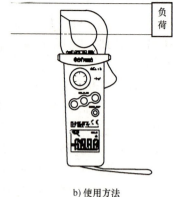

a) 外形　　　　　　b) 使用方法

图 8-37　钳形电流表外形和使用方法

3）测量时，为减少误差，被测导线应置于钳形口的中央。

4）为提高测量精度，在条件允许的情况下，可将被测导线多绕几圈，再放入钳口进行测量。此时实际电流应是仪表读数除以放入钳口中的导线圈数。

思考与练习

8-1　铁心是变压器的＿＿＿＿＿＿路部分，线圈是变压器的＿＿＿＿＿＿路部分。

8-2　一台 50Hz 的单相变压器，如接在直流电源上，其电压大小和铭牌电压一样，试问此时会出现什么现象？

8-3　一台理想变压器一次绕组匝数 $N_1 = 1200$ 匝，二次绕组匝数 $N_2 = 600$ 匝，若通过二次绕组中的电流是 $I_2 = 4A$，求一次绕组中的电流 I_1？

8-4　试从物理意义上分析，若减少变压器一次侧线圈匝数（二次线圈匝数不变），二次绕组的电压将如何变化？

8-5　试解释下列铭牌。

三相异步电动机					
型号　Y132M-4		额定功率　7.5kW		额定频率　50Hz	
额定电压　380V		额定电流　15.4A		接　法　△	
额定转速　1440r/min		绝缘等级　E		定　额　连续	
温　升　80℃		防护等级　IP44		重　量　55kg	
年　　月　　编号				××电机厂	

8-6　试述熔断器的额定电流和熔体额定电流的不同之处。

8-7　热继电器在电路中主要起什么作用？

8-8　请上网查询变压器有哪些主要部件及其主要作用。

第9章 三相异步电动机及其控制

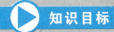

1. 了解三相异步电动机直接起动控制电路的组成和工作原理。
2. 了解三相异步电动机点动控制电路的组成和工作原理。
3. 了解三相异步电动机连续控制电路的组成和工作原理。
4. 了解三相异步电动机正、反转控制电路的组成和工作原理。

技能目标

1. 会进行点动与连续运行控制电路配电板的配线及安装。
2. 会进行接触器互锁正反转控制电路配电板的配线及安装。

9.1 三相异步电动机

话题引入

电动机是一种将电能转换成机械能的电磁装置，其工作原理基于电磁感应定律。交流电动机是目前使用最多的一类电动机，其中三相笼型异步电动机由于结构简单、价格低廉、坚固耐用、使用维护方便，在工业、农业及其他领域获得了广泛的使用。

9.1.1 三相笼型异步电动机的结构

三相笼型异步电动机的外形如图 9-1 所示，其结构如图 9-2 所示，主要由定子（固定部分）和转子（旋转部分）两部分组成。

【定子】 由定子铁心、定子绕组和机座三部分组成。定子铁心是电动机磁通的通路，外形如图 9-3 所示，槽内嵌放三相定子绕组。定子绕组中通入三相交流电，为电动机产生旋转磁场。三相绕组的结构完全对称且独立绝缘，每相绕组有两个引出线端，一个叫首端，分别标为 U1、V1、W1；另一个叫末端，分别标为 U2、V2、W2，如图 9-4 所示，定子三相绕组的 6

图 9-1 三相笼型异步电动机的外形

个出线端都引至接线盒内,根据需要采用星形(丫)联结或三角形(△)联结。

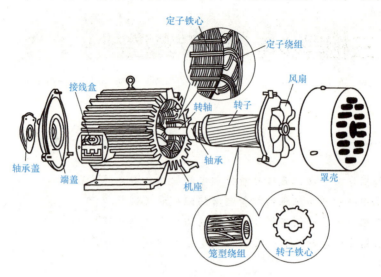

图 9-2 三相笼型异步电动机的结构

图 9-3 定子铁心

图 9-4 三相异步电动机的定子绕组连接方式

机座通常为铸铁件,作用是固定定子铁心和绕组,并通过两侧的端盖和轴承来支承转子,同时可保护整台电动机的电磁部分和散热。

【转子】 由转子铁心、转子绕组和转轴三部分组成,其中,转子绕组用来切割定子旋转磁场,产生感应电动势,其外形如图 9-5 所示,形状酷似鼠笼,笼型异步电动机因此得名。

 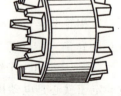

图 9-5 笼型转子

9.1.2 三相笼型异步电动机的工作原理

1. 模拟电动机旋转原理

为了说明三相异步电动机的工作原理,我们做如下演示实验。

想一想

为什么转子会转起来

【实验内容及现象】 如图 9-6a 所示,在装有手柄的蹄形磁铁的两极间放置一个可以自由转动的笼型转子,当转动手柄带动蹄形磁铁旋转时,将发现笼型转子也跟着旋转,且转子转动的方向和磁极旋转的方向相同;若改变磁铁的转向,则笼型转子的转向也跟着改变。

【现象解释】 当磁铁旋转时,磁铁与闭合的导体发生相对运动,笼型转子切割磁力线而在其内部产生感应电动势和感应电流,如图 9-6b 所示。感应电流又使导体受到一个电磁力的作用,于是笼型转子就沿磁铁的旋转方向转动起来,这就是异步电动机的基本原理。

【结论】 欲使异步电动机旋转,必须有旋转的磁场和闭合的转子绕组。

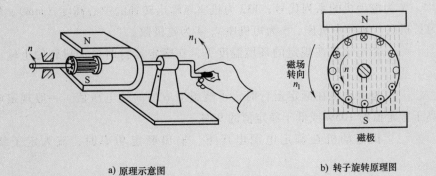

a) 原理示意图　　　　　　　b) 转子旋转原理图

图 9-6 异步电动机工作原理

2. 旋转磁场的产生

在定子三相绕组中分别通入三相对称的交流电,它们将在定子绕组中分别产生相应的磁动势,并最终合成一个随电流变化的合成磁场。当定子绕组中的电流变化一个周期时,合成磁场也按电流的相序方向在空间旋转了一周。随着定子绕组中的三相电流不断地周期性变化,产生的合成磁场也不断地旋转,旋转磁场由此产生。

>> **提示** 要改变三相异步电动机的转向,只需改变三相电源任意两相的相序。

3. 转子旋转原理

由本节课堂演示实验可知:定子绕组中通入三相正弦交流电就会产生旋转磁场,于是静止的转子绕组与旋转磁场之间就有了相对运动,转子导体切割旋转磁场的磁力线,就产生感应电动势。因为转子绕组是闭合的,所以转子绕组中便有电流流过。转子绕组中的电流一旦产生，立即受到旋转磁场的电磁力的作用，于是转子在电磁转矩的作用下，沿着旋转磁场的方向转起来。

9.1.3 三相笼型异步电动机的参数

每台电动机的机座上都装有一块铭牌，如图9-7所示。铭牌上标注有该电动机的主要性能和技术数据，这是选择、安装、使用和修理三相异步电动机的重要依据。

三相异步电动机					
型号	Y132M-4	额定功率	7.5kW	额定频率	50Hz
额定电压	380V	额定电流	15.4V	接法	△
额定转速	1440r/min	绝缘等级	E	定额	连续
温升	80℃	防护等级	IP44	重量	55kg
		年　月　编号		××电机厂	

图9-7 三相异步电动机的铭牌

【型号】 Y为电动机的系列代号，132为机座至输出转轴的中心高度（mm），M为机座类别（L为长机座，M为中机座，S为短机座），4为磁极数。

【额定功率】 指电动机在规定的环境温度下，在额定运行时电动机转轴上输出的机械功率值。

【额定电压】 指电动机在额定运行时定子绕组上应加的线电压值。一般规定电动机的电压不应高于额定值的105%或低于额定值的95%。

【额定电流】 指电动机在额定电源电压下，输出额定功率时，流入定子绕组的线电流。

【额定频率】 指电动机所接的交流电源单位时间内周期性变化的次数。

【额定转速】 指电动机在额定工作情况下运行时每分钟转子旋转转数。

【绝缘等级】 指电动机绕组所用绝缘材料按它的允许耐热程度规定的等级，这些级别为：A级，105℃；E级，120℃；B级，130℃；F级，155℃；E级，180℃。

【接法】 三相电动机定子绕组的连接方法有星形（Y）和三角形（△）两种。

【防护等级】 表示三相电动机外壳的防护等级，其中IP是防护等级标志符号，其后面的两位数字分别表示电动机防固体和防水的能力。

【定额】 分连续、短时、断续三种：连续是指电动机连续不断地输出额定功率而温升不超过铭牌允许值；短时表明电动机不能连续使用，只能在规定的较短时间内输出额定功率；断续表示电动机只能短时输出额定功率，但可多次断续重复起动和运行。

> ≫提示 在选择电动机时，除看铭牌外，还要关注一个重要性能指标——机械特性。电动机的机械特性是指电动机的转差率与电磁转矩之间的关系，有软特性和硬特性两种。所谓"硬"的机械特性，是指当负载转矩在一定范围内变换时，转速的变化很小。反之，所谓机械特性很"软"，是指在负载转矩变化时引起的转速变化较大。三相交流异步电动机具有较硬的机械特性。

实践活动

分析三相电动机铭牌参数

每组 3~5 人,在专业人员的指导下,选取某一生产机械的三相异步电动机,读取电动机铭牌参数并记录,分析电动机的相关参数。

9.2 三相异步电动机的单向运转控制

话题引入

图 9-8 所示为一塔吊,相信大家都不陌生,几乎所有的建筑工地上都会出现它的身影。塔吊可以提升和下放物体,可以吊着物体前后移动,并可以吊着物体做水平 360°旋转,方便地把建筑材料运送到工地的任意地方。那么,塔吊的各种运动是怎么实现的呢?其实塔吊的动力来自电动机。塔吊的各种运动就是通过对电动机的各种控制来实现的。

图 9-8 塔吊

9.2.1 直接起动控制电路

小容量电动机在对控制条件要求不高的场合,可以用开启式负荷开关(胶盖闸刀开关)、封闭式负荷开关(铁壳开关)等简单控制装置直接起动,控制电路如图 9-9 所示,其工作原理如下:

【起动】 合上隔离开关 QS→主电路接通→电动机 M 通电运转。
【停止】 断开隔离开关 QS→主电路断开→电动机 M 断电停转。

9.2.2 点动运行控制电路

点动运行控制电路结构如图 9-10 所示，其工作原理简述如下：

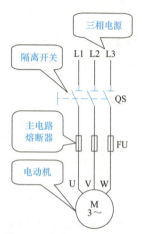

图 9-9　直接起动控制电路

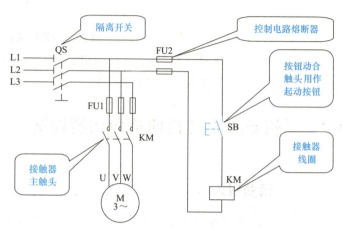

图 9-10　点动运行控制电路

【起动】　按下动合按钮 SB→控制电路通电→接触器线圈 KM 通电→接触器动合主触头 KM 闭合→主电路接通→电动机 M 运转。

【停止】　松开动合按钮 SB→控制电路分断→接触器线圈 KM 断电→接触器动合主触头 KM 分断→主电路断开→电动机 M 停转。

可见，按下按钮，电动机运转；松开按钮，电动机停转，这种控制就叫点动控制，它能实现电动机短时转动，常用于家用食品搅拌器、机床的对刀调整和电动葫芦等场合。

小知识

电气控制电路图的特点

1）电气控制电路图可分为主电路和控制电路。主电路包括从电源到电动机的电路，是强电流通过的部分，一般画在原理图的左边。控制电路是通过弱电流的电路，一般由按钮、电器元件的线圈、接触器的辅助触头、继电器的触头等组成，画在原理图的右边。

2）同一电器元件的各部件可以不画在一起，但需用同一文字符号标出。若有多个同类电器，可在文字符号后加上数字序号，如 KM1、KM2 等。

3）所有按钮、触头（点）均按没有外力作用和没有通电时的原始状态画出。控制电路的分支电路，原则上按照动作先后顺序排列，两线交叉连接时的电气连接点须用黑点标出。

9.2.3 连续运行控制电路

连续运行控制电路结构如图 9-11 所示，与点动控制相比，只是多了停止按钮和起自锁作用的辅助触头 KM（3-4）。该电路的工作原理如下。

第9章 三相异步电动机及其控制

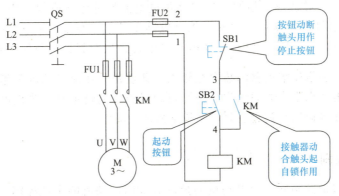

图 9-11 连续运行控制电路

【起动过程】

【停止过程】

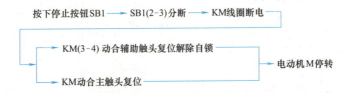

> **提示** 该电路中，当起动按钮 SB2 松开后，接触器 KM 的线圈通过其动合触头 KM（3-4）的闭合使电路仍继续保持通电，从而保证电动机的连续运转。这种控制方式称自锁或自保。起自锁作用的辅助动合触头称为自锁触头。

9.2.4 电动机的过载保护电路

电动机在运行中如果负载过重、频繁起动或频繁正反转、电源断相，都将使电动机绕组因通过电流增大而过热，导致线圈绝缘老化甚至烧毁电动机，因此需要在电路中加装专门的过载保护（又名过热保护）装置。在众多的过载保护装置中，应用最广的是热继电器，装有热继电器保护装置的电路如图 9-12 所示。

图中，热继电器 FR 的热元件串联在主电路中，它的动断触头 FR（2-3）串联在控制电路中。电动机

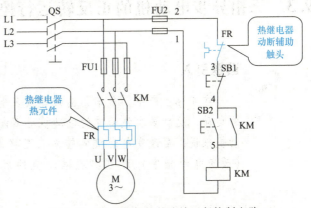

图 9-12 带过载保护的连续运行控制电路

在运行过程中，由于过载或其他原因使电路供电电流超过允许值时，热元件因通过电流增大而温度升高，热继电器动作，串联在控制电路中的动断触头 FR（2-3）分断，接触器线圈断电，释放主触头，切断主电路，使电动机停转，从而起到过载保护作用。

> **提示** 由于热继电器的热惯性较大，即使热元件流过几倍于额定值的电流，热继电器也不会立即动作。因此电动机短时间过载时，热继电器不会动作，只有在电动机长期过载时，热继电器才会动作。

9.2.5 多地控制

能在两地或多地控制同一台电动机的控制方式叫电动机的多地控制。图 9-13 所示为电动机两地控制电路。

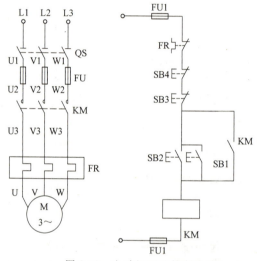

图 9-13 电动机两地控制电路

图中 SB1 和 SB3 为安装在甲地的起动和停止按钮，SB2 和 SB4 为安装在乙地的起动和停止按钮。电路的特点为两地的起动按钮 SB1、SB2 并联在一起；停止按钮 SB3、SB4 串联在一起，这样就可以分别在甲地、乙地起动和停止同一台电动机，达到操作方便的目的。

9.3 三相异步电动机的正反转运行控制

话题引入

在实际生产中，吊车、刨床等很多生产机械都需要上下、左右等两个方向的运动，这就要求拖动它的电动机必须能实现正、反转控制。对于三相异步电动机来说，要改变电动机的转向只要将电动机三根电源线中的任意两根对调（改变电源相序）即可实现电动机的反转，本节介绍电动机的正反转控制电路。

【电路结构】 如图 9-14 所示,电路由两个同型号、同规格的接触器 KM1 和 KM2 构成正、反转运行控制装置,其中接触器 KM1 为正转接触器,控制电动机 M 正转;接触器 KM2 为反转接触器,控制电动机 M 反转。在控制电路中有正转起动按钮 SB2、反转起动按钮 SB3 和一个停止按钮 SB1。

> **提示** 在图 9-14 中,接触器的动断辅助触头 KM1(7-8)和 KM2(5-6)保证了其中任何一个接触器通电后,将切断另一个接触器的控制回路,即使按下相反方向的起动按钮,另一个接触器也无法通电,避免了两个接触器同时通电动作造成相间短路故障。这种利用两个接触器的动断辅助触头互相制约的方式,叫电气互锁或电气联锁,起互锁作用的动断触头叫互锁触头。

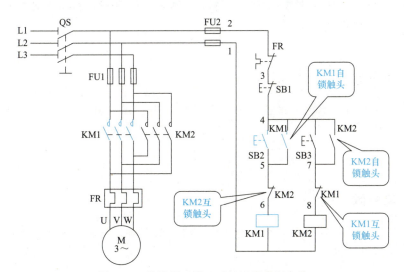

图 9-14 接触器互锁正反转运行控制电路

【工作原理】
1)正转:

2)停止:

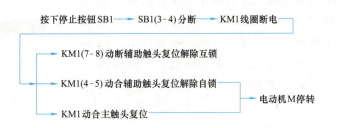

3）反转：

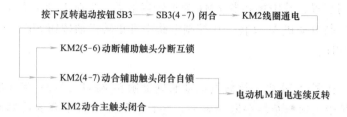

提示 该电路只能实现"正→停→反"或者"反→停→正"控制，即若电动机处于正转状态要反转时必须先按停止按钮 SB3，再按反转起动按钮 SB2，方可使电动机反转。

想一想

生活中哪些电器产品中有电动机，它们工作时是点动、连续还是正反转运转？

练一练

试着设计一个点动和连续结合的控制电路，使电动机既能实现点动运行又能实现连续运行。

小知识

PLC

可编程序控制器（Programmable Logical Controller）简称 PLC，是计算机技术和自动控制技术相结合而开发的一种适用于各类工业环境的自动控制装置，图 9-15 所示即为常见的 PLC 外形。在 PLC 出现之前，要制作一个自动化系统，一般要使用成百上千个继电器，而现在，只要在 PLC 模块基础上进行简单的编程就可以实现同样的功能。PLC 克服了继电-接触器控制系统中机械触头的复杂接线、可靠性低、功耗高、通用性和灵活性差的缺点，广泛应用于现代工业控制领域。

图 9-15　PLC 外形

技 能 训 练

技能训练指导 9-1　网孔板

网孔板是由按一定规律排列的网孔组成的常用低压电器安装板,如图 9-16 所示。

实训时,根据实训内容选择所需要的各种元件、器件和部件,按照电气原理图在网孔板上布局并安装,完成电路连接,实现电路功能。实训课结束后将所有的元件、器件和部件从网孔板上拆下,集中保管,为下次实训做准备。

使用网孔板的实训场所,可以进行不同课程,多个项目的教学和实训,方便灵活,经济实用。

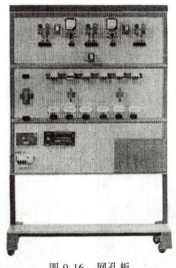

图 9-16　网孔板

技能训练项目 9-1　三相异步电动机点动、连续及正反转运行控制电路的配线及安装

【实训目标】

1) 会进行电动机单向点动和连续运行控制电路的配线及安装。
2) 会进行电动机正、反转运行控制电路的配线及安装。

【实训器材】

常用电工工具一套;万用表一块;导线若干;低压断路器一个;按钮三个;交流接触器两个;热继电器一个;三相异步电动机一台等。

【实训内容及步骤】

1) 三相异步电动机点动运行控制电路的配线及安装。

按照图 9-10 所示电路结构,完成电路的连接,安装布线图如图 9-17 所示。检查无误并由指导教师允许后,合上开关 QS 通电试行,观察电动机运行情况:按下按钮 SB,电动机运转,松手后电动机停止转动,实现点动运行控制。

2) 三相异步电动机连续运行控制电路的配线及安装。

按照图 9-12 所示电路结构,完成电路的连接,安装布线图如图 9-18 所示。检查无误并由指导教师允许后,合上开关 QS 通电试行,观察电动机运行情况:按下按钮 SB2,电动机运转,松手后电动机继续运转,只有按下按钮 SB1 电动机才停止运转,实现连续运转控制。

3) 三相异步电动机正反转运行控制电路的配线及安装。

按照图 9-14 所示电路结构,完成电路的连接,安装布线图如图 9-19 所示。检查无误并由指导教师检查允许后,合上开关 QS 通电试行,观察电动机运行情况:按下按钮 SB2 电动机正向运转，按下按钮 SB1 电动机停转，再按下按钮 SB3 电动机反转。

【注意事项】

1）每个元件的安装位置应整齐、匀称、间距合理、便于布线及元件的更换。

2）走线横平竖直、整齐合理、分布均匀，变换走向时应垂直。

3）紧固各元件时要用力均匀，紧固程度要适当，接点不得松动。

4）在进行电气接线时要保证电源开关是断开的。

5）控制电路试运行过程中，如发现故障应立即断开电源，分析故障原因，排除故障后再送电运行。

图 9-17　点动运行控制
电路布线图

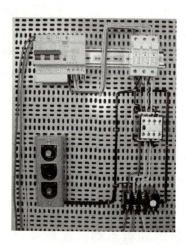

图 9-18　连续运行
控制电路布线图

图 9-19　正反转运行
控制电路布线图

【自评互评】

姓名			互评人			
项目	考核要求	配分	评分标准		自评分	互评分
仪器、仪表的选择和使用	仪器、仪表选择合理，使用正确	10	仪器、仪表选择或使用不正确，每处扣 2 分			
实训电路的连接	1. 电路连接正确，器件布局合理 2. 走线横平竖直、没有尖角 3. 导线连接处没有裸漏部分	20	1. 电路连接错误，每处扣 2 分 2. 走线不合要求扣 2～5 分 3. 器件布局不合理扣 2～5 分 4. 导线连接处有裸漏部分，每处扣 1 分			
点动控制	电动机点动运行功能正常	10	电动机不能实现点动运行控制，酌情扣 5～10 分			
连续控制	电动机连续运行功能正常	20	电动机不能实现连续运行控制，酌情扣 10～20 分			
正反转控制	电动机的正反转控制功能正常	30	电动机不能实现正反转控制，酌情扣 10～30 分			
安全文明操作	工作台上工具摆放整齐，严格遵守安全操作规程，符合"6S"管理要求	10	违反安全操作、工作台上脏乱、不符合"6S"管理要求，酌情扣 3～10 分			
合计		100				

学生交流改进总结：

教师签名：

【思考与讨论】

1) 若自锁动合触头错接成动断触头,会发生怎样的现象?
2) 线路中已用了热继电器,为什么还要装熔断器?是否重复?
3) 实验中如发现按下正(或反)转按钮,电动机转向不变,试分析其原因。

技能训练项目 9-2 三相异步电动机测试及试运行

【实训目标】

1) 会测试三相异步电动机绕组间及绕组对地(机座)的绝缘电阻。
2) 学会测试三相异步电动机的起动电流和空载电流。

【实训器材】

通用电工工具一套、三相交流电源一台、三相笼型交流异步电动机一台、万用表一块、钳形电流表一块、绝缘电阻表一块。

【实训内容及步骤】

1) 电动机绕组直流电阻的检测:用万用表测量电动机各绕组直流电阻值的大小,将所测得值记入表 9-1。

表 9-1 电动机绕组直流电阻检测记录

万用表型号规格	测试结果/Ω		
	U 相绕组	V 相绕组	W 相绕组

2) 电动机绝缘电阻的检测:打开电动机接线盒,取下定子绕组接线盒中的绕组连接片,如图 9-20 所示,用绝缘电阻表分别测量电动机各绕组对地(绕组对机座)和各绕组之间的绝缘电阻,将结果记入表 9-2 中。

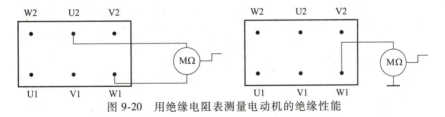

图 9-20 用绝缘电阻表测量电动机的绝缘性能

表 9-2 电动机绝缘电阻检测记录

绝缘电阻表型号规格	对地绝缘电阻/MΩ			绕组间绝缘电阻/MΩ		
	U 相绕组对地	V 相绕组对地	W 相绕组对地	U 相绕组与 V 相绕组	U 相绕组与 W 相绕组	V 相绕组与 W 相绕组

3) 电动机起动电流和空载电流的检测:根据实验电动机铭牌数据和电源电压,确定电动机定子绕组采用的连接方式,接好定子绕组。按图 9-21 连接电路,合上电源开关 QS,在起动电动机时用钳形电流表测量起动电流,待电动机转速稳定后,再用钳形电流表测量电动机每相的空载电流,并将结果记录在表 9-3 中。

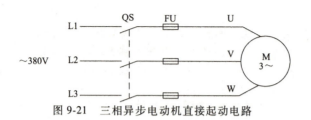

图 9-21 三相异步电动机直接起动电路

表 9-3 电动机起动电流和空载电流的检测记录

起动电流	空载电流		
I/A	I_U/A	I_V/A	I_W/A

【自评互评】

姓名			互评人			
项目	考核要求	配分	评分标准		自评分	互评分
实训电路的连接	1. 电路连接正确,器件布局合理 2. 走线横平竖直、没有尖角 3. 导线连接处没有裸露部分	10	1. 电路连接错误一处,扣 2 分 2. 走线不合要求扣 2~3 分 3. 器件布局不合理扣 2 分			
仪器、仪表的选择和使用	仪器、仪表选择合理,使用正确	25	1. 仪器、仪表选择不合理,每处扣 2 分 2. 仪器、仪表使用不正确,每处扣 2 分			
绝缘电阻的测量	正确测量三相电动机绕组对地之间的绝缘电阻,各相绕组之间的绝缘电阻	25	测量结果错误,每处扣 5 分			
起动电流和空载电流的测量	正确测量三相电动机的起动电流和空载电流	30	测量结果错误,每处扣 10 分			
安全文明操作	工作台上工具摆放整齐,严格遵守安全操作规程,符合"6S"管理要求	10	违反安全操作、工作台上脏乱、不符合"6S"管理要求,酌情扣 3~10 分			
合计		100				

学生交流改进总结：

教师签名：

【注意事项】

1）摇动绝缘电阻表时"L"和"E"端子有较高的直流电压,注意安全,以防触电。

2）绝缘电阻表测完绝缘电阻之后,不能马上拆线,必须放电,否则会影响人身安全。

3）一般 500V 以下的中小型电动机最低应具有 0.5MΩ 的绝缘电阻。无论是对地（机座）绝缘电阻还是相间绝缘电阻只要大于 0.5MΩ,电动机就可安全使用。

【思考与讨论】

1）三相笼型异步电动机从星形联结变换到三角形联结时,起动电流和空载电流将怎样变化？

2）三相笼型异步电动机三相绕组中,任意一相首尾端接反,会出现什么结果？

思考与练习

9-1 说明熔断器和热继电器保护功能的不同之处。

9-2 在交流电动机的主电路中用熔断器做短路保护，能否同时起到过载保护作用？为什么？

9-3 试述"自锁""互锁"的含义，并举例说明各自的作用。

9-4 简述电动机按钮互锁正、反转控制电路的控制过程。

9-5 在接触器正反转控制电路中，若正、反转控制的接触器同时通电，会发生什么现象？

9-6 分析图 9-22 中各控制电路按正常操作时会出现什么现象？若不能正常工作加以改进。

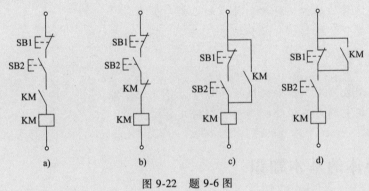

图 9-22 题 9-6 图

9-7 图 9-23 为两台三相异步电动机同时起停和单独起停的单向运行控制电路。（1）说明各文字符号所表示的元器件名称。（2）说明 QS 在电路中的作用。（3）简述该电路工作原理。

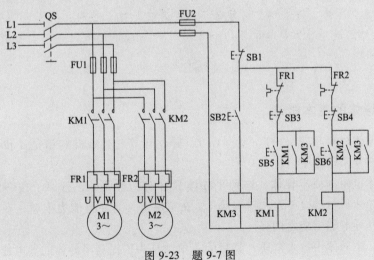

图 9-23 题 9-7 图

第10章 常用半导体器件

 知识目标

1. 了解二极管的结构、符号、特性和主要参数。
2. 了解稳压管、发光二极管、光敏二极管及变容二极管的实际应用。
3. 了解晶体管的结构、符号、特性和主要参数。
4. 了解晶闸管的结构、符号和特性。

 技能目标

1. 会用万用表判别二极管的极性和好坏,并合理应用。
2. 会用万用表判别晶体管的类型、引脚及好坏。

10.1 半导体的基本知识

 话题引入

自然界中的物质,按导电能力强弱的不同,可分为导体、绝缘体和半导体3大类。金、银、铜、铝等金属材料是良导体,塑料、陶瓷、橡胶等材料是绝缘体,而半导体是导电能力介于导体和绝缘体之间的物质,如锗(Ge)和硅(Si)。

10.1.1 半导体的基本概念

常见的半导体材料有硅(Si)、锗(Ge)、砷化镓等。其中硅和锗是4价元素,原子的最外层轨道上有4个价电子。

纯净半导体也叫本征半导体,这种半导体只含有一种原子,且原子按一定规律整齐排列。如常用半导体材料硅(Si)和锗(Ge)。在常温下,其导电能力很弱;在环境温度升高或有光照时,其导电能力随之增强。

常常在本征半导体中掺入杂质,其目的不单纯是为了提高半导体的导电能力,而是通过控制杂质掺入量的多少,来控制半导体的导电能力的强弱。

在硅本征半导体中,掺入微量的五价元素(磷或砷),就形成N型半导体。

在硅本征半导体中,掺入微量的三价元素(铟或硼),就形成P型半导体。

10.1.2 PN 结及单向导电性

【PN 结】当把一块 P 型半导体和一块 N 型半导体用特殊工艺紧密结合时，在二者的交界面上会形成一个具有特殊现象的薄层，这个薄层被称为 PN 结，如图 10-1 所示。

【PN 结的单向导电性】

1) PN 结加正向电压——正向导通。电源正极接 P 区，负极接 N 区，称正向偏置或正偏。

2) PN 结加反向电压——反向截止。电源负极接 P 区，正极接 N 区，称反向偏置或反偏。

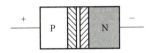

图 10-1　PN 结

PN 结加正向电压导通，加反向电压截止，即 PN 结的单向导电性。

10.2　半导体二极管

话题引入

如图 10-2 所示，2008 年北京举行奥运会，当夜色中水立方呈现在大家面前的时候，相信所有的人都为之震撼。但是你知道吗？水立方采用的照明设备就是半导体二极管中的一类——发光二极管。

半导体器件是用经过特殊加工且性能可控的半导体材料制成的，半导体二极管便是其中最基本、最简单的一类，下面我们将学习二极管的相关知识。

10.2.1　二极管的基本特征与分类

【基本特征】半导体二极管简称二极管。常见的二极管外形如图 10-3a 所示，它有两个电极，一端称为正极（阳极），一端称为负极（阴极），二极管也由此得名。二极管的文字符号为 VD，图形符号如图 10-3b 所示。

图 10-2　水立方夜景

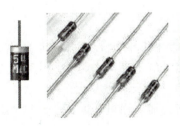

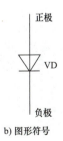

a) 常见的二极管外形　　　　　　b) 图形符号

图 10-3　二极管的外形和图形符号

【分类】 按材料来分，最常用的有硅管和锗管两种；按用途来分，有普通二极管、整流二极管、稳压二极管等多种；按结构来分，有点接触型、面接触型和平面型等多种。

小知识

谁发明了半导体二极管

1947 年，美国贝尔实验室率先发明了半导体锗二极管，开创了人类的半导体文明时代。1957 年，我国的北京电子管厂也自主生产出单晶锗，而后由中国科学院应用物理研究所研制出锗二极管。

10.2.2 二极管的特性

1. 二极管单向导电性

二极管的最主要特性是单向导电性，要认识这一特性可动手做一做下面的实验。

课堂实验

二极管单向导电实验

【实验内容及现象】

如图 10-4a 所示，二极管正极接电源的正极，二极管负极接电源的负极（称二极管外加正偏电压或二极管正偏），此时灯亮，表明有较大的电流通过二极管，二极管导通。

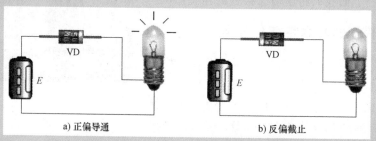

a) 正偏导通　　　　　　　　b) 反偏截止

图 10-4　二极管单向导电实验

如图 10-4b 所示，二极管正极接电源的负极，二极管负极接电源的正极（称二极管外加反偏电压或二极管反偏），此时灯不亮，表明无电流通过二极管，二极管截止。

【实验结论】 二极管加正向电压时导通，加反向电压时截止，即正偏导通，反偏截止。

在上述实验中，二极管正偏时导通，反偏时截止，这一导电特性称为二极管的单向导电性。

2. 二极管伏安特性

二极管的伏安特性是指加到二极管两端的电压和流过二极管电流之间的关系。图 10-5 为二极管的伏安特性曲线。

(1) 正向特性 当正向电压比较小的时，正向电流几乎为零，曲线 OA 段（OA'）称为死区电压；当正向电压超过死区电压（锗管约为 0.2V，硅管约为 0.5V）时，二极管的电阻变得很小，正向电流增长很快，进入导通状态。二极管导通后，由图 10-5 可见正向电流和正向电压呈非线性关系，正向电流变化较大时，二极管两端正向压降近于定值，硅管的正向压降约为 0.7V，锗管约为 0.3V。

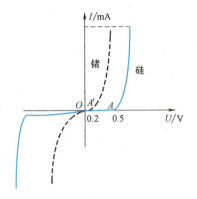

图 10-5 二极管的伏安特性曲线

(2) 反向特性 当二极管的两端加上反向电压时，它的反向电阻很大，反向电流很小，且不随反向电压而变化，称为反向饱和电流。通常，硅二极管反向电流为 10^{-9}A 数量级，锗二极管的反向电流为 10^{-6}A 数量级。锗管的反向电流比较大，它受温度影响比较明显。

当二极管的外加反向电压大于一定数值时，反向电流突然急剧增加，称为二极管反向击穿。反向击穿电压一般为几十到几百伏。

>> 提示 普通二极管反向击穿后，反向击穿电流将导致二极管热击穿而损坏。二极管被击穿后，一般不能恢复性能，所以在使用二极管时，反向电压一定要小于反向击穿电压。

10.2.3 二极管的主要参数

二极管的参数是合理选择和使用二极管的重要依据，因此了解并掌握以下二极管的主要参数是非常重要的。

【最大整流电流 I_F】 是指二极管长期工作时，允许通过的最大正向平均电流值。在实际使用时，要注意流过二极管的最大电流不能超过这个数值，否则二极管会因过热而损坏。

【最高反向工作电压 U_{RM}】 是指二极管在正常工作时所能承受的最高反向电压值。通常以二极管反向击穿电压的一半作为二极管的最高反向工作电压，使用中如果超过此值，二极管就有发生反向击穿的可能。

【反向电流 I_R】 指二极管未击穿时的反向电流，其值越小，则管子的单向导电性越好。

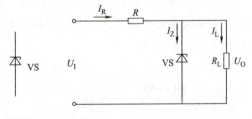

a) 图形符号   b) 典型应用电路

图 10-6 稳压二极管的电路符号和典型应用电路

10.2.4 特殊二极管

除了具有单向导电性外，一些经过特殊工艺加工的二极管还具有某些特殊功能，常见的有以下几类。

【稳压管】 稳压二极管简称稳压管，其图形符号如图 10-6a 所示，是一种特殊的面接触型半导体硅二极管，它工作在反向击穿区，是具有稳压作用的一类特殊二极管，广泛应用于稳压电源和限幅电路中。典型应用电路如图 10-6b 所示。

【发光二极管】 发光二极管简称 LED，其外形和图形符号如图 10-7a 所示，是一种光发射器件，它把电能直接转化成光能。目前市场上发光二极管的颜色有红、橙、黄、绿、蓝等多种颜色。

发光二极管因其工作电压低（1.5~3V）、工作电流小（5~10mA）、体积小、可靠性高、耗电省和寿命长等优点，广泛用于计算机、电视机、音响设备、仪器仪表中的电源和信号的指示电路中。

【光敏二极管】 光敏二极管是一种实现光能与电能转换的器件，它能在反向偏置状态下将收到的光信号转换成电信号，在实际应用中，主要用来接收可见光或红外线，外形和图形符号如图 10-7b 所示。

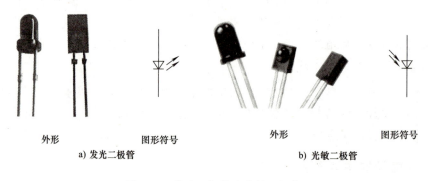

外形　　图形符号　　　　外形　　　　图形符号
　a) 发光二极管　　　　　　b) 光敏二极管

图 10-7　发光二极管和光敏二极管

光敏二极管广泛应用于遥控、报警及光电传感器中。另外，当制成大面积的光敏二极管时，能将光能直接转换为电能，称为光电池。

【变容二极管】 变容二极管是利用二极管内部极间电容可变的原理制成的半导体器件，在高频调谐、通信等电路中做可变电容器使用。

变容二极管被广泛应用于谐振电路中。例如，在电视机中使用它作为调谐回路的可变电容器，实现电视频道的选择。在高频电路中，变容二极管作为变频器的核心器件，是信号发射机中不可缺少的器件。

想一想

生活中，你都在什么地方见过二极管？

10.3 晶体管

话题引入

1947年12月23日，美国的贝尔实验室里，3位科学家——巴丁、布莱顿和肖克莱在紧张地做着用半导体晶体把声音信号放大的实验。他们意外发现，在他们发明的器件中可用一部分微量电流去控制另一部分大得多的电流，即电流产生了"放大"效应。这个器件就是晶体管。这一伟大的发明使这3位科学家荣获了1956年诺贝尔物理学奖。之所以说晶体管的发明伟大，是因为它是组成放大电路的核心器件，我们生活中的收音机、电视机、扩音机等都离不开它。

半导体晶体管是另一类应用十分广泛的半导体器件，它可以用来放大微弱的电信号或作为无触点开关使用，是放大电路的核心器件之一。

10.3.1 晶体管的基本特征与分类

【基本特征】 常见的晶体管外形如图10-8所示，它有三个引脚，分别代表三个电极，即发射极（E）、基极（B）和集电极（C）。晶体管的文字符号为VT，图形符号分两种，一种是NPN晶体管，一种是PNP晶体管，如图10-9所示，图中箭头表示发射极电流方向。

图10-8 常见晶体管外形

【分类】 按晶体管所用半导体材料来分，有硅管和锗管两种；按晶体管的导电极性来分，有PNP型和NPN型两种；按功率大小来分，有小功率管、中功率管和大功率管；按频率来分，有低频管和高频管；按结构工艺来分，有合金管和平面管；按用途来分，有放大管和开关管等。另外，按晶体管的封装材料来分，有金属封装、塑料封装。根据耗散功率不同，其体积和封装形式也不同，中、小功率管多采用塑料封装，大功率管采用金属封装。

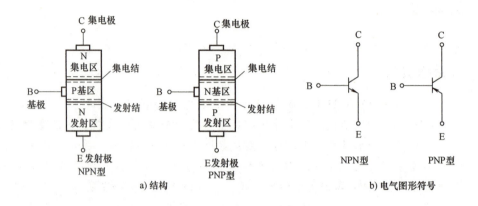

图 10-9 晶体管的电气符号

10.3.2 晶体管的电流放大作用

放大是对模拟信号最基本的处理，而晶体管是放大电路的核心器件。它是一种电流控制器件，可以实现电流的放大，下面通过实验来说明晶体管的电流放大作用。

课堂实验

晶体管电流放大实验

【实验内容及现象】

连接图 10-10 所示电路，V_{BB} 是基极电源，通过基极电阻 R_B 和电位器 RP 将正向电压加到基极和发射极之间（发射结），使发射结有正向偏置电压 U_{BE}。集电极电源 V_{CC} 通过集电极电阻 R_C 将电压加到集电极与发射极之间，以提供集-射极间（集电结）电压 U_{CE}。

实验电路中，V_{CC} 电压应高于 V_{BB}，即发射结正偏，集电结反偏。

电路接通后，流过晶体管各极的电流分别为 I_B、I_E、I_C。

实验中，改变电位器 RP 的阻值，就会改变基极电流 I_B 的值，用电流表观察 I_C 和 I_E 的值，具体测量结果见表 10-1。

图 10-10 晶体管的电流放大作用实验电路

分析上述数据可得以下结论：

1）电流分配关系：晶体管各电极间的电流分配关系满足：$I_E = I_B + I_C$。

表 10-1　晶体管三个电极上的电流数据　　　　　　　　（mA）

项目	1	2	3	4	5	6	7
I_B	0.0035	0	0.01	0.02	0.03	0.04	0.05
I_C	-0.0035	0.01	0.56	1.14	1.14	2.33	2.91
I_E	0	0.01	0.57	1.16	1.17	2.37	2.96

2）基极电流 I_B 变化引起集电极电流 I_C 变化，但集电极与基极电流之比保持不变，为一常数，设为 $\bar{\beta}$，即

$$\bar{\beta}=\frac{I_C}{I_B} \tag{10-1}$$

$\bar{\beta}$ 称为直流电流放大系数。

3）基极电流有一微小的变化量 ΔI_B 时，集电极电流就会有一个较大的变化量 ΔI_C，且 ΔI_B 与 ΔI_C 之比保持不变，为一常数 β，即

$$\beta=\frac{\Delta I_C}{\Delta I_B} \tag{10-2}$$

β 称为交流电流放大系数。

对于多数晶体管估算时可认为 $\bar{\beta}=\beta$。

【实验结论】 晶体管基极电流 I_B 的微小变化使集电极电流 I_C 发生了更大的变化，也就是说基极电流 I_B 的微小变化控制了集电极电流 I_C 较大的变化，实现了电流放大的作用。

>> 提示
1）晶体管的电流放大作用，实际上是用较小的基极电流信号去控制集电极的大电流信号，是以小控大的作用，而不是能量的放大。
2）晶体管的放大作用需要一定的外部条件，即：发射结加正向偏置电压，集电结加反向偏置电压，使 $V_C>V_B>V_E$（如果是用 PNP 管做实验，应使 $V_C<V_B<V_E$）。

10.3.3　晶体管的特性

晶体管的特性曲线是指各极间的电压与电流之间的关系曲线。晶体管的特性曲线可用晶体管特性图示仪直接观测，也可查阅晶体管特性手册。晶体管特性曲线是分析晶体管电路的依据之一。下面以共射极电路为例介绍几种特性曲线。

（1）输入特性曲线　晶体管基极电流 I_B 和基极-发射极间的电压 U_{BE} 之间的关系叫晶体管的输入特性。输入特性曲线如图 10-11a 所示，由图可以看出：晶体管输入特性曲线是非线性的，它与二极管正向特性曲线相似，也存在着一段死区，当输入电压小于死区电压（锗管约为 0.2V，硅管约为 0.5V）时，晶体管不导通，处于截止状态；晶体管正常工作时，U_{BE} 变化不大，通常就是发射结压降，硅管约为 0.7V，锗管约为 0.3V。在此电压附近，曲

线陡直,近似为直线;U_{CE} 增大时,输入特性曲线右移。当 $U_{CE}>1V$ 时,只要 U_{BE} 不变,无论怎样增大 U_{CE},I_B 都基本不变,曲线基本重合。因此,通常将 $U_{CE}=1V$ 的特性曲线作为晶体管的输入特性曲线。

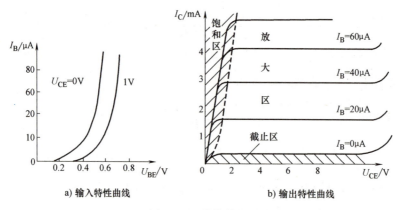

a) 输入特性曲线 b) 输出特性曲线

图 10-11　晶体管特性曲线

(2) 输出特性曲线　晶体管集电极电流 I_C 与集电极-发射极间的电压 U_{CE} 的关系叫晶体管的输出特性。输出特性曲线如图 10-11b 所示。在输出特性曲线中,晶体管工作状态可分为三个区域:

1) 饱和区为 $U_{CE}<1V$ 的画有斜线的区域。此区域内晶体管两个 PN 结均处于正偏状态,没有电流放大作用,因此 I_C 不受 I_B 的控制,称这时的晶体管为饱和状态。饱和时的管压降叫饱和压降,用 U_{CES} 表示,硅管约为 0.3V,锗管约为 0.1V。饱和压降很小,相当于集电极和发射极之间短路,所以在开关电路中,起接通电路作用。

2) 截止区为 $I_B=0$ 曲线以下的区域。此区域内晶体管两个 PN 结均处于反偏状态,没有电流放大作用,为截止状态。因为 $I_C \approx 0$,所以集电极和发射极之间呈现很大的电阻,相当于 CE 极间断开,U_{CE} 电压降近似为电源电压。所以在开关电路中,起到断开电路的作用。

3) 放大区为 $I_B>0$、$U_{CE}>1V$ 的平坦区域。此区域内晶体管满足发射结正偏、集电结反偏的放大条件,具有电流放大作用。由图表明 I_C 不受 U_{CE} 的影响,I_C 主要受 I_B 控制,$I_C = \beta I_B$,这就是晶体管的放大作用。另外,在基流一定时,集电极电流基本不变,具有恒流特性。

> **提示**　当晶体管工作在饱和状态时的管压降叫饱和压降,用 U_{CES} 表示,一般硅管约为 0.3V,锗管约为 0.1V。

除此之外,与二极管的特性相似,晶体管也存在着死区电压(硅管约为 0.5V,锗管约为 0.2V),只有当输入电压大于死区电压时,晶体管才出现基极电流。同时,晶体管导通时,发射结电压 U_{BE} 变化不大,硅管约为 0.6~0.7V,锗管约为 0.2~0.3V。这也是检测晶体管是否正常工作的重要依据。

练一练

准备若干二极管和晶体管,判断一下它们是锗管还是硅管。

想一想

根据各个电极的电位,说明图10-12所示晶体管的工作状态。

10.3.4 晶体管的主要参数

【**共发射极电流放大倍数 β**】 它是在晶体管正常放大状态下分析、设计电路的一个重要参数,通常 β 在几十至几百之间。

【**集电极最大允许耗散功率 P_{CM}**】 晶体管电流 i_C 与电压 u_{CE} 的乘积称为集电极耗散功率,晶体管在使用时,应保证 $P_C < P_{CM}$,这样才能保证使用安全。

【**反向击穿电压 $V_{(BR)CEO}$**】 $V_{(BR)CEO}$ 是指基极开路时,加于集电极与发射极之间的最大允许电压。

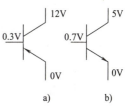

图10-12 晶体管的工作状态

【**集电极最大允许电流 I_{CM}**】 i_C 在相当大的范围内 β 值是基本不变的,但当 i_C 的数值大到一定程度时 β 将减小,使 β 明显减小的 i_C 值即为 I_{CM}。

练一练

图10-13所示为某2.0音箱内置功放电路板,试辨认其中元器件,找出电阻器、电容器、二极管和晶体管等元器件。

图10-13 2.0音箱功放电路板

10.4 场效应晶体管

话题引入

老式的质量较差的电视机和收音机，有时工作时间长了就会出现跑台、没有声音、图像不稳等情况，有人为了看电视不得不将电视机旁加一个电扇。这都是晶体管反向电流造成的。为了克服这个缺点我们就要学习另一种放大管——场效应晶体管。

场效应晶体管（Field Effect Transistor，FET）简称场效应管。一般的晶体管是由两种极性的载流子，即多数载流子和反极性的少数载流子参与导电，因此称为双极性晶体管，而 FET 仅由多数载流子参与导电，它与双极性晶体管相反，也称为单极性晶体管。它属于电压控制型半导体器件，具有输入电阻高、噪声小、功耗低、动态范围大、易于集成、无二次击穿现象、安全工作区域宽等优点，现已成为双极性晶体管和功率晶体管的强大竞争者。场效应晶体管可应用于放大、阻抗变换、电子开关，也可以方便地用作恒流源。

10.4.1 场效应晶体管的基本特性

场效应晶体管的种类很多，按结构可分为两大类：结型场效应管（JFET）和绝缘栅场效应晶体管（IGFET）。结型场效应管又分为 N 沟道和 P 沟道两种。绝缘栅场效应晶体管主要指金属-氧化物-半导体场效应晶体管（MOSFET）。MOSFET 又分为耗尽型和增强型两种，而每一种又分为 N 沟道和 P 沟道。场效应晶体管外形及符号如图 10-14 所示。

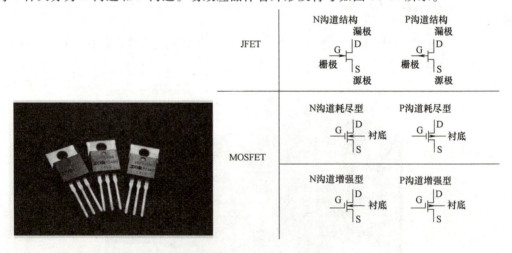

图 10-14 场效应晶体管

10.4.2 结型场效应晶体管的结构和工作原理

以 N 沟道结型场效应晶体管为例说明其结构和工作原理。如图 10-15 所示，N 沟道结型场效应晶体管有三个区域：一个 N 型区，两个 P 型区；三个电极：源极 S，漏极 D，栅极 G；两个 PN 结：一个导电沟道；N 型导电沟道。

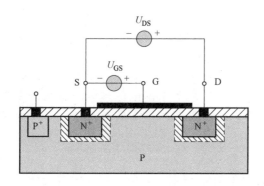

图 10-15　场效应晶体管工作原理

外部工作条件：U_{DS} 为正值，U_{GS} 为负值。

当 $U_{GS}=0$ 时，PN 结最窄，导电沟道最宽。在正向电压 U_{DS} 的作用下，产生较大的漏极电流 I_{DSS}，I_{DSS} 称为饱和漏极电流。

当 $U_{GS}<0$ 时，PN 结反偏，PN 结变宽，导电沟道变窄。在正向电压 U_{DS} 的作用下，漏极电流减小。

当 $U_{GS} \leq U_P$（$U_P<0$）时，PN 结变得更宽且把导电沟道夹断，漏极电流 i_D 为零。

10.4.3　场效应晶体管与晶体管的比较

1）场效应晶体管是电压控制器件，而晶体管是电流控制器件。在只允许从信号源取较少电流的情况下，应选用场效应晶体管；而在信号电压较低，又允许从信号源取较多电流的条件下，应选用晶体管。

2）晶体管与场效应晶体管工作原理完全不同，但是各极可以近似对应以便于理解和设计：

晶体管：　　　　基极　　　发射极　　　集电极
场效应晶体管：　栅极　　　源极　　　　漏极

3）要注意的是，晶体管（NPN 型）设计发射极电位比基极电位低（约 0.6V），场效应晶体管源极电位比栅极电位高（约 0.4V）。

4）场效应晶体管是利用多数载流子导电，所以称之为单极性器件，而晶体管是既有多数载流子，也有少数载流子导电，被称之为双极性器件。

5）有些场效应晶体管的源极和漏极可以互换使用，栅压也可正可负，灵活性比晶体管好。

6）场管应晶体管能在很小电流和很低电压的条件下工作，而且它的制造工艺可以很方便地把很多场效应晶体管集成在一块硅片上，因此场效应晶体管在大规模集成电路中得到了广泛的应用。

10.5 晶闸管

话题引入

晶闸管是在半导体晶体管的基础上发展起来的一种大功率半导体器件，是最早出现的功率半导体器件，它的出现使半导体器件由弱电领域扩展到强电领域，例如家庭广泛使用的调光台灯，就是应用双向晶闸管调压实现调光的。

常见的晶闸管外形如图 10-16a 所示，有单向和双向两大类，主要用于整流、逆变、调压等电路，也可作为无触点开关使用。

10.5.1 单向晶闸管的基本特征

与三极管一样，晶闸管也有三个电极，分别称为阳极 A、门极 G 和阴极 K，在电路中晶闸管可用文字符号 V 表示，电气符号如图 10-16b 所示。

a) 外形　　　　　　　　　　　　b) 图形符号

图 10-16　常见晶闸管外形及电气符号

10.5.2 单向晶闸管的特性

从电气符号看，单向晶闸管很像一只二极管，只比二极管多了一个门极 G，但单向晶闸管与二极管在特性上却有着本质的差别，主要表现在：

1) 单向晶闸管导通必须满足两个条件：一是晶闸管阳极 A 与阴极 K 之间加正向电压；二是门极 G 与阴极 K 之间也要加正向触发电压信号。

2) 单向晶闸管一旦导通，门极便失去控制作用，即使触发电压消失，晶闸管仍能保持导通。

3) 要使已经导通的晶闸管关断，必须把阳极电压断开，或降低晶闸管的阳极电流到一定数值。

10.5.3 双向晶闸管

双向晶闸管的外形与单向晶闸管相似，图形符号如图 10-17 所示，也有 3 个极，但它没有阴、阳极之分，统称为主电极 T_1、T_2，另一个电极也称为控制极 G。

双向晶闸管与单向晶闸管相比，它的主电极无论加正向电压还是反向电压，只要门极 G 有触发信号，晶闸管就会导通。

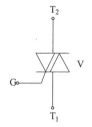

图 10-17 双向晶闸管的电气符号

小知识

1957 年美国通用电气公司首先研制成功第一个工业用的晶闸管，它标志着电力电子技术的诞生。

1962 年我国首次研制成功晶闸管以来，以晶闸管为主体的电力电子变流技术也得到了迅猛的发展。

实践活动

查阅相关资料，了解一下常见二极管、晶体管和晶闸管的型号、用途及主要参数。

小知识

SMT 元器件

SMT 是 Surface Mount Technology 的简写，意为表面贴装技术，亦即无需对 PCB 钻插装孔而直接将元器件贴焊到 PCB 表面规定位置上的装连技术，是在传统的通孔插装技术（THT）的基础上发展起来的。

SMT 元器件，又称表面安装元器件或贴片式元器件，图 10-18 所示为常见的贴片元器件。与 THT 元器件相比较，SMT 元器件的体积小、重量轻，电极无引线或短引线。一般贴片元器件的体积和重量只有传统插装元器件的 1/10 左右，电子产品采用 SMT 元器件后，产品体积缩小 40%～60%，重量减轻 60%～80%。降低成本达 30%～50%；同时还具有可靠性高、抗振能力强、高频特性好、易于实现自动化等特点。

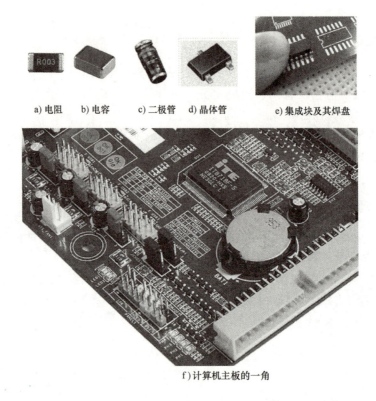

a) 电阻　b) 电容　c) 二极管　d) 晶体管　e) 集成块及其焊盘

f) 计算机主板的一角

图 10-18　常见 SMT 元器件

技 能 训 练

技能训练指导 10-1　二极管的检测方法

1）观察法：通常在二极管的外壳上会有一些符号标记，一般有箭头、色点和色环三种。通过看标记就可以知道二极管的正、负极，见表 10-2。此外发光二极管的正负极可从引脚长短来识别，长脚为正，短脚为负。

表 10-2　二极管的极性标记法

外形			
极性	标有色点的一端即为正极，另一端是负极。	带色环的一端则为负极，另一端是正极。	带有三角形箭头的一端为正极，另一端是负极。

2）万用表测试法：将万用表调到 R×1k 或 R×100 档位，如图 10-19 所示，红、黑表笔分别与二极管的两极任意相连，测量阻值并记录；再将黑表笔与红表笔的位置对调，测量阻值并记录。两次测量中，阻值较小的一次，与黑表笔相连的一端是二极管的正极，另一端是二极管的负极；测得阻值较大的一次，与黑表笔相连的一端是二极管的负极，另一端是二极管的正极。

好的二极管正向电阻值较低，一般为几十欧至几百欧，反向电阻值较高，一般为几十至

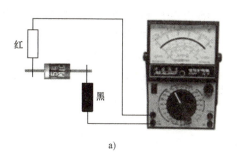
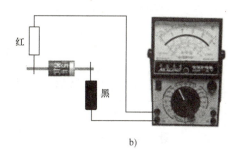

a)   b)

图 10-19 二极管的检测方法

几百千欧以上，而且正、反向电阻差值越大越好。如果测得的反向电阻很小，说明二极管内部短路；如果测得的正向电阻很大，说明二极管内部断路。

技能训练指导 10-2　晶体管的检测方法

1）观察法：常用晶体管的封装形式有金属封装和塑料封装两大类，引脚的排列方式具有一定的规律，对于小功率金属封装晶体管，如图 10-20a 所示按底视图位置放置，顶点朝上，则从左向右依次为 e、b、c；对于中小功率塑料封装晶体管，如图 10-20b 所示，使其平面朝向自己，引脚朝下，则从左到右依次为 e、b、c。

2）万用表测试法

【判断晶体管的基极】　将万用表调至 R×1k 或 R×100 档位，用黑表笔接触晶体管的某一引脚，红表笔分别接触另外两只引脚，如测得电阻值都很小，则黑表笔接触的那一引脚就是晶体管的基极，同时可知此晶体管为 NPN 型，如图 10-21a 所示。若用红表笔接触晶体管的某一引脚，黑表笔分别接触另外两只引脚，如测得电阻值也都很小，则红表笔接触的那一引脚就是 PNP 型晶体管的基极，如图 10-21b 所示。这样，既判定了晶体管的基极，又判定了晶体管的管型。

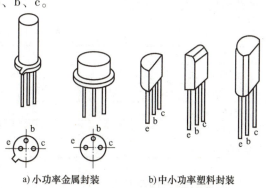

a) 小功率金属封装　　　b) 中小功率塑料封装
图 10-20　晶体管引脚排列规律

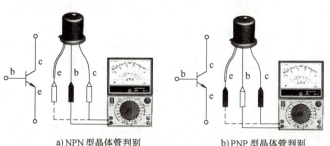
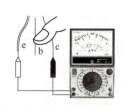

a) NPN 型晶体管判别　　　b) PNP 型晶体管判别　　　c) 集电极和发射极判别电路
图 10-21　晶体管基极和管型的判别电路

【判断晶体管的发射极和集电极】　以 NPN 型晶体管为例，如图 10-21c 所示，确定基极后，假定其余两只引脚中的一只是集电极，另一只是发射极。将万用表黑表笔接到假设的集电极上,红表笔接到假设的发射极上,用手把假设的集电极和已测得的基极捏起来(但不要相碰),观察万用表,并记录读数。然后再做相反假设,即把原来假设为发射极的引脚假设为集电极,重复上述测试并记录读数。比较两次读数,读数小的一次假设是正确的。

技能训练项目 10-1　常用半导体器件的识别与检测

【实训目标】

1）熟悉二极管、晶体管的外形及引脚识别方法。
2）掌握用万用表判别二极管的极性和好坏的方法。
3）掌握用万用表判别晶体管的类型、引脚及好坏的方法。

【实训器材】

指针式万用表一块;不同规格、类型的二极管若干;不同规格、类型的晶体管若干。

【实训内容及步骤】

1. 二极管的识读与检测

1）观看实物,熟悉二极管的外形。
2）用万用表判断二极管的极性。
3）将万用表分别置于 R×1k、R×100、R×10 档,测量二极管的正向电阻和反向电阻,并将结果记入表 10-3 中。

表 10-3　二极管的测试

型号	阻值						质量判别	
	R×1k		R×100		R×10		好	坏
	正向	反向	正向	反向	正向	反向		
2AP9								
1N4148								
1N4007								

2. 晶体管的识读与检测

1）观看实物,熟悉晶体管的外形。
2）任选 PNP 和 NPN 型晶体管 10 只,用万用表判别各管的管型和引脚,并将结果记入表 10-4 中。

表 10-4　晶体管的测试

序号	0	1	2	3	4	5	6	7	8	9
型号										
类型										
材料										
引脚图										

【注意事项】　在用万用表检测二极管、晶体管时,一般使用万用表 R×100 或 R×1k 档,而不用 R×1 或 R×10k 档。因为 R×1 档电流太大,容易烧坏管子,R×10k 电压太高,可能击穿管子。

【自评互评】

姓名			互评人			
项目	考核要求	配分	评分标准		自评分	互评分
万用表的正确使用	正确使用万用表	20	使用错误,每处扣2分			
二极管的检测	正确判断二极管的材料、极性和好坏	30	测量方法错误,每处扣5分;测量结果错误,每处扣2分			
晶体管的检测	正确判断晶体管的类型、材料和引脚	40	测量方法错误,每处扣5分;测量结果错误,每处扣2分			
安全文明操作	工作台上工具摆放整齐,严格遵守安全操作规程,符合"6S"管理要求	10	违反安全操作、工作台上脏乱、不符合"6S"管理要求,酌情扣3~10分			
合计		100				

学生交流改进总结：

教师签名：

【思考与讨论】 在用万用表的电阻档测二极管的正向电阻时,发现用 R×10 档测出的阻值小,而用 R×100 档测出的阻值大,为什么？

思考与练习

10-1 二极管单向导电性,即正偏_____,反偏_____；导通后,硅管的管压降约为_____V,锗管的管压降约为_____V。

10-2 晶体管集电极输出电流 I_C = 9mA,该管的电流放大系数为 β = 50,则其输入电流 I_B = _____ mA。

10-3 某二极管的正、反向电阻都很小或为零时,则该二极管_____。
A. 正常　　　　B. 已被击穿　　　C. 内部短路　　　D. 内部开路

10-4 NPN 型晶体管处于放大状态时,各极电位关系是( )。
A. $U_C>U_B>U_E$　　B. $U_C<U_B<U_E$　　C. $U_C>U_E>U_B$　　D. $U_E>U_C>U_B$

10-5 工作在放大区的某晶体管,如果当 I_B 从 12μA 增大到 22μA 时, I_C 从 1mA 变为 2mA,那么它的 β 约为_____。
A. 83　　　　　B. 91　　　　　C. 100

10-6 用万用表如何判别硅管和锗管？

10-7 如图 10-22 所示电路,由电源 E、二极管 VD 和小灯泡组成,问各电路中小灯泡是否亮？各二极管是否导通？灯两端的电压 U_{AB} = ？（设二极管的正向压降为 0.7V）

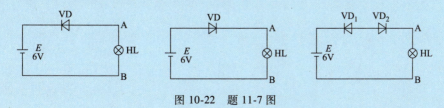

图 10-22　题 11-7 图

10-8 测得下列晶体管三个电极的对地电压如图 10-23 所示，设图中 PNP 管为锗管，NPN 管为硅管，试分析各管是处于放大、截止或饱和状态，还是已经损坏（是烧断还是短路）。

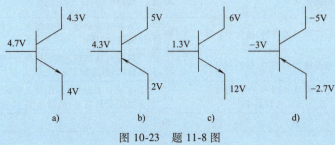

图 10-23 题 11-8 图

10-9 请上网查阅常用二极管、晶体管及晶闸管的资料及相关信息。

第11章 整流、滤波及稳压电路

知识目标

1. 能简述桥式整流电路的工作原理，并列举出桥式整流电路在电子电器或设备中的应用。
2. 能识读电容滤波、电感滤波和复式滤波电路图。
3. 了解滤波电路的工作原理。
4. 能识读集成稳压电源电路图，并列举出集成稳压电源的实际应用。

技能目标

1. 能正确搭接桥式整流电路。
2. 会用万用表测量桥式电路相关电参量，并用示波器观察波形。

11.1 整流电路

话题引入

如图11-1所示，日常生活中我们经常给电动自行车、手机、数码照相机及各类充电电池充电，但电池输出的是直流电，而家里插座提供的是交流电，那么交流电是如何充进电池的呢？问题的关键就在充电器，是充电器中的整流电路将交流电变成了直流电，其波形变换流程如图11-2所示。

图11-1　手机充电

将交变电流变换成单向脉动电流的过程叫作整流，完成这种功能的电路称为整流电路，又叫整流器，应用最为广泛的是桥式整流电路。

整流电路按输入电源相数可分为单相整流电路和三相整流电路，按输出波形又可分为半波整流电路和全波整流电路。根据输出电压是否可控，又分为可控整流电路和不可控整流电路。

11.1.1 单相桥式整流电路的结构

单相桥式整流电路如图11-3a所示，由电源变压器、4只整流二极管 $VD_1 \sim VD_4$ 和负载

电阻 R_L 组成。4 只整流二极管接成电桥形式，故称桥式整流，图 11-3b 是桥式整流电路的另外一种常见画法，图 11-3c 是桥式整流电路的简化画法，其文字符号为 UR。

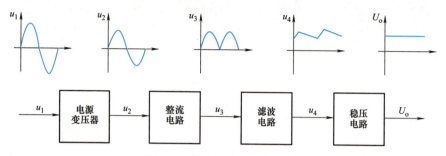

图 11-2 直流稳压电源组成框图

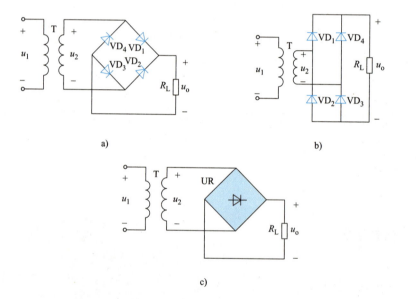

图 11-3 单相桥式整流电路

11.1.2 单相桥式整流电路的工作原理

在 u_2 的正半周，VD_1、VD_3 导通，VD_2、VD_4 截止，等效电路如图 11-4a 所示，电流由 T 二次绕组上端经 $VD_1 \rightarrow R_L \rightarrow VD_3$ 回到 T 二次绕组下端，在负载 R_L 上得到半波整流电压 u_{o1}，波形如图 11-4d 所示。

在 u_2 的负半周，VD_1、VD_3 截止，VD_2、VD_4 导通，等效电路如图 11-4b 所示，电流由 T 二次线圈的下端经 $VD_2 \rightarrow R_L \rightarrow VD_4$ 回到 T 二次线圈上端，在负载 R_L 上得到另一半波整流电压 u_{o2}，如图 11-4e 所示。

综上所述，无论在 u_2 的正半周或负半周，流过 R_L 中的电流方向是一致的。在 u_2 的整个周期内，四只二极管分两组轮流导通或截止，在负载 R_L 上就得到了一个全波整流的电压波形，波形如图 11-4f 所示。在这个过程中二极管被视为一个理想的开关。

第 11 章 整流、滤波及稳压电路

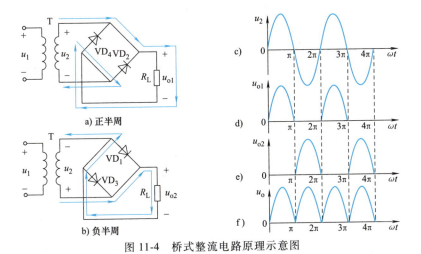

图 11-4 桥式整流电路原理示意图

> **提示** 这种大小波动，而方向不变的电流（或电压）称为脉动直流电。

练一练

合上课本，试着画一下桥式整流电路的三种基本画法，并简述其工作原理。

【负载上直流电压和电流】 在单相桥式整流电路中，负载所得全波整流电压虽然方向不变，但大小是随时间不断变化的，所以通常用其平均值表示其大小。其测量方法见本章技能训练。

小知识

桥　　堆

在实际应用中，为了使用方便，小功率桥式整流电路的 4 只整流二极管被接成桥路后封装成一个整流器件，称"硅桥"或"桥堆"，常见的桥堆外形如图 11-5 所示。

图 11-5 常见桥堆外形

161

>>> 提示

单相桥式整流组成的是全波整流电路,整流效率高,但是电路复杂,其实还有一种更简单的整流电路,即单相半波整流电路,电路结构如图 11-6a 所示。由于二极管只在电源的正半周导通,所以在负载电阻上得到图 11-6b 所示电压波形。电热毯的低温调节档,就是用一个二极管实现半波整流,将功率变为原来的一半左右。

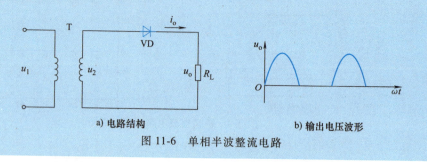

a) 电路结构　　　　　　　　b) 输出电压波形

图 11-6　单相半波整流电路

11.2　滤波电路

话题引入

整流电路输出的波形虽然方向不变,但幅值变化较大,因此达不到使用要求。滤波电路的作用是滤除整流输出电压中的交流成分,而只保留直流成分,将脉动的直流电压变为平滑的直流电压。起滤波作用的一般是储能元件(电容器 C 和电感器 L),下面介绍几种常见的滤波电路。

11.2.1　电容滤波电路

【电路结构】　电容滤波电路是最简单也是最常见的滤波电路,如图 11-7a 所示,在整流电路的输出端并联一个电容 C 即构成电容滤波电路,且电容的容量越大滤波效果越好,所以一般采用电解电容。

【工作原理】　电容滤波是利用电容的充、放电作用,使输出电压趋于平滑的。如图 11-7a 所示,当整流电路输出电压 u_i 比电容两端电压 u_C 高时,电源电流一路经过负载 R_L,另一路对电容 C 快速充电储能,如图 11-7b 中曲线 ab 段。当 $u_i < u_C$ 时,电容通过负载 R_L 放

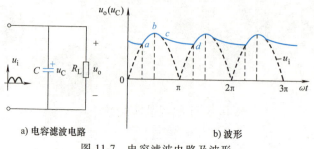

a) 电容滤波电路　　　　　　b) 波形

图 11-7　电容滤波电路及波形

电，且 u_C 的下降速度远小于 u_i 的下降速度，如图 11-7b 中曲线 bd 段。当下一次出现 $u_i > u_C$ 时，电源再次对电容 C 快速充电，重复上述过程，使负载获得图 11-7b 中实线部分所示平滑的输出电压 u_o，实现滤波功能。

> **提示** 电容滤波电路简单、输出电压较高，但负载直流电压受负载电阻的影响比较大。电容滤波，只适用于电流较小，且变化不大的场合。

11.2.2 电感滤波电路

在大电流负载的情况下，由于负载电阻 R_L 很小，若采用电容滤波电路，电容量势必很大，而且整流二极管所受的冲击电流也很大，这就使得整流管和电容器的选择变得困难，甚至不太可能，在此情况下利用电感电流不能突变的特点，采用电感滤波。

【电路结构】 如图 11-8 所示，在整流电路与负载电阻 R_L 间串联一个电感线圈就构成了电感滤波电路，且电感线圈的电感量越大越好，所以一般采用有铁心的线圈。

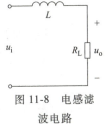

图 11-8 电感滤波电路

【工作原理】 当通过电感线圈的电流增大时，电感线圈产生的自感电动势与电流方向相反，阻碍电流的增加，同时将一部分电能转换为磁场能存储于电感之中；当通过电感线圈的电流减小时，电感线圈产生的自感电动势与电流方向相同，阻碍电流的减小，同时释放出电感中存储的能量，以补偿电流的减小，从而使负载电流变得比较平滑。

> **提示** 电感滤波电路体积大、比较笨重、成本高，且随着线圈电感量的增大，直流能量的损耗也增大，主要用于负载电流较大且经常变化的场合，在一般的电子仪器中，则很少采用。

11.2.3 复式滤波电路

当单独使用电容或电感滤波，效果仍不理想时，可采用复式滤波电路。常见的复式滤波电路如图 11-9 所示，其中图 11-9a 所示为 LC 滤波电路，它是在电容滤波的基础上串联一个电感 L 构成的。这样整流输出电压经过电容与电感的双重滤波使输出电压纹波进一步降低。

图 11-9b 所示为 LC π 型滤波电路，这种滤波电路是在电容滤波的基础上再加一级 LC 滤波电路构成的，负载输出电压更加平滑。

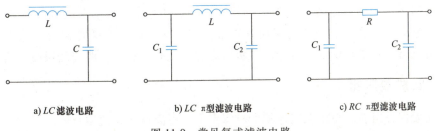

a) LC 滤波电路   b) LC π型滤波电路   c) RC π型滤波电路

图 11-9 常见复式滤波电路

由于 π 型滤波电路中带有铁心的电感线圈体积大、价格也高，因此，当负载电流较小时，常用小电阻 R 代替电感 L，以减小电路的体积和重量，这就构成图 11-9c 所示的 RC π

型滤波电路，只要适当选择 R 和 C_2，就可以在负载两端获得脉动极小的直流电压。在收音机和录音机中的电源中，就经常采用 RC π 型滤波电路。

想一想

为什么在滤波电路中滤波元件（电容或电感）容量越大，滤波效果越好？

*11.3 稳压电路

话题引入

经过整流滤波的直流电还会随电网电压波动而波动、随负载和温度变化而变化，达不到大多数电子设备的要求。因此要采取一定的措施来维持输出直流电压的稳定，稳压电路能够起到稳定电压的作用。下面介绍几类常见的稳压电路。

11.3.1 并联稳压电路

【电路结构】 由稳压二极管 VS 和限流电阻 R 组成的稳压电路是一种最简单的直流稳压电路，如图 11-10 中点画线框内所示，其输入电压 U_I 是整流滤波后的电压，输出电压 U_O 就是稳压二极管的稳定电压 U_Z。R_L 是负载电阻，与稳压管 VS 并联。

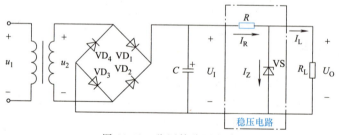

图 11-10 稳压管稳压电路

【工作原理】 在稳压二极管组成的稳压电路中，利用稳压二极管所起的电流调节作用，通过限流电阻 R 上电压或电流的变化进行补偿，来达到稳压的目的。限流电阻 R 是必不可少的元件，它既限制稳压管中的电流使其正常工作，又与稳压二极管相配合达到稳压的目的。一般情况下，在电路中如果有稳压二极管存在，就必然有与之匹配的限流电阻。

11.3.2 集成稳压器

用分立元器件组装的稳压电路体积大、焊点多、可靠性差，使用范围受限，为此，人们设计推出了集成稳压器集成稳压器将取样、基准、比较放大、调整及保护环节集成于一个芯片，接线简单，维护方便、价格低廉，近年来被广泛采用。按功能可分为固定式和可调式两种，前者的输出电压不能进行调节，为固定值，典型的产品有正电压输出系列 W78××和负电压输出系列 W79××；后者可以通过外接元件使输出电压得到很宽的调节范围，典型产品有正电压输出系列 CW117、CW217、CW317 和负电压输出系列 CW137、CW237、CW337 等。图 11-11 所示为固定式三端集成稳压器的外形及图形符号。

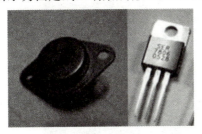 

a) 外形　　　　　　　　　　　　b) 图形符号

图 11-11　固定式三端集成稳压器的外形及图形符号

此外还有一种开关稳压电源，它是通过控制晶体管开通和关断的时间比率，调整输出电压，维持输出稳定的一种电源。因其自身功耗小、散热少、体积小、重量轻，被广泛应用在彩色电视机、计算机等设备中。其代表产品有 LH1605、μA78S40 等。

> **提示**　为使三端集成稳压器正常工作，其输入电压应比输出电压高 3V 以上。如 7812 系列的输入电压至少应为 15V。

想一想
如何把 220V、50Hz 的交流电压变换为 12V 的直流电压？主要步骤是什么？

技 能 训 练

技能训练指导 11-1　示波器的使用

示波器前面板及探头结构如图 11-12 所示，下面我们介绍示波器的基本使用方法。

【接通电源】
按下电源开关，待预热 15min 进入稳定工作状态后，再进行下一步操作。

【初始状态设置】
1）将"扫描方式"开关置"AUTO"（自动）位置。
2）调节"水平位移"和"垂直位移"旋钮，使光迹移至荧光屏观测区域的中央。
3）调节"辉度（INTEN）旋钮"将光迹的亮度调至所需要的程度。
4）调节"聚焦（FOCUS）旋钮"，使光迹清晰。

【观察信号波形】
1）在 CH1 或 CH2 输入端连接被测信号，按下"CH1"或"CH2"选择相应显示通道。
2）将"AC/GND/DC"开关置"DC"位置。

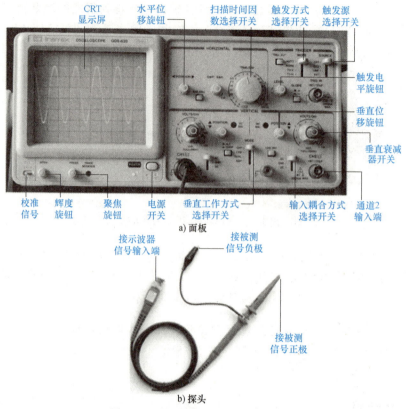

图 11-12 示波器前面板及探头结构

3）调整 LEVEL 使波形稳定。

4）调节 CH1 垂直衰减器开关和扫描时间因数选择开关，使荧光屏上至少显示一个完整波形。（注：微调旋钮应置于"校准"位置）

5）观察信号波形形状。

【测量信号峰-峰值 V_{p-p}】

准确地测量并读出峰-峰间的垂直距离（此时应置微调旋钮于"校准"位置），根据垂直衰减器开关的 V/DIV 值可得：

V_{p-p}=垂直偏转幅度（DIV）×垂直衰减器（V/DIV）读数×探极衰减倍率

【测量信号周期 T】 准确地测量并读出一个周期的水平距离 D（此时应置微调旋钮于"校准"位置）。根据扫描时间因数选择开关的，s/DIV 值可得：

$$T = D \times 扫描时间因数(s/DIV)$$

【测量信号频率】 由于频率是周期的倒数，所以：

$$频率 f = \frac{1}{周期\ T}$$

技能训练项目 11-1　直流稳压电源的安装与调试

【实训目标】

1）加深理解直流稳压电源的工作原理。

2）学会简易直流稳压电源的安装与调试。

3）学会用示波器观察整流、滤波电路的输出波形。

【实训器材】

自耦变压器一个、万能实验板一块、示波器一台、万用表一只、电烙铁一把、烙铁架一个、焊锡丝若干、螺钉旋具一套、斜口钳一把。实训中所用元器件见表11-1。

表 11-1 元器件明细表

代　号	名　称	规 格 型 号	数　量
R_1	电阻器	RT1-2-b-100Ω±5%	1
RP	电位器	1kΩ/2W	1
C_1	电解电容器	CD11-25V-1000μF	2
C_2	涤纶电容器	CL11-63V-0.33μF	1
C_3	电解电容器	CD11-16V-100μF	1
C_4	涤纶电容器	CL11-63V-0.1μF	1
$VD_1 \sim VD_5$	二极管	1N4001	5
IC_1	三端集成稳压器	78L12	1
S_1、S_2	钮子开关		1
T	自耦变压器	TDGC2	

【实训电路】 实训中所采用的直流稳压电源电路如图11-13所示。图中点画线框中为三端稳压器的典型应用电路，其中VD_5起保护三端稳压器的作用，C_2用于减小输入电压的脉动，C_3用于消除电压中的高频噪声。

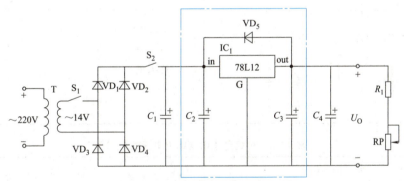

图 11-13 直流稳压电源电路

【实训内容及步骤】

1）按照表11-1所示元器件明细表，识别并检测各元器件质量。

2）按照图11-13所示电路原理图，在万能实验板上完成直流稳压电源电路的安装与焊接。安装焊接完毕的电路板如图11-14所示。电路板正面要求元器件插装符合工艺要求；元器件布局应横平竖直、层次分明、排列美观、疏密一致、结构紧凑；电路板背面要求元器件之间的电气连通，可用裸铜线、剪掉的元器件引脚或其他导线；布线要求横平、竖直，没有尖角。

3）断开开关S_1，调节自耦变压器，使输出电压为14V，用示波器观察自耦变压器输出交流电压波形并在表11-2中记录。

4）合上开关S_1，断开开关S_2，用示波器观察桥式整流电路全波整流输出电压波形并在表11-3中记录。

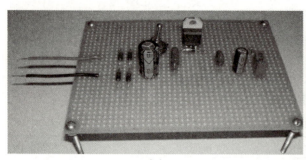

a) 正面　　　　　　　　　　　　　　b) 背面

图 11-14　制作完毕的直流稳压电源

表 11-2　自耦变压器输出电压波形记录

示波器波形	读　数	
	时间档位	
	周期	
	频率	
	幅度档位	
	正峰值	
	峰-峰值	
	有效值	

表 11-3　桥式整流电路输出电压波形记录

示波器波形	读　数	
	时间档位	
	周期	
	频率	
	幅度档位	
	峰值	

5）合上开关 S_2，调节自耦变压器，使输入电压为分别为 12V、14V 和 16V，用万用表测量输出电压，将结果记入表 11-4 中。

表 11-4　输入电压变化引起的输出电压变化

输入电压/V	12	14	16
输出电压/V			

6）调节自耦变压器，使输出电压为 14V 并保持不变，调节电位器旋钮使电位器阻值为最大及最小，用万用表测量输出电压，将结果记入表 11-5 中。

7）根据表 11-4 与表 11-5 中数据分析现象并小结。

表 11-5　负载变化引起的输出电压变化

负载/Ω	100	1100
输出电压/V		

【注意事项】

1）电容器、二极管和 78L12 要注意引脚极性，切记不可装反。
2）如 78L12 发烫，是因为负载电流太大，可适当调整电位器 *RP* 减小负载电流。

【自评互评】

姓名				互评人			
项目	考核要求	配分		评分标准		自评分	互评分
元器件的识别与检测	正确识别与检测元器件	10		识别、检测错误一处,扣 1 分			
安装电路	1. 元器件安装规范 2. 电路装配整齐、美观	10		1. 错装、漏装、歪斜,每处扣 1 分 2. 电路装配不整齐、美观,扣 1~8 分			
焊接电路	1. 焊点符合工艺要求 2. 走线合理、横平竖直	10		不符合要求,每处扣 1 分			
交流电压波形的测量	正确测量,并记录波形	15		测量错误,扣 2~15 分			
全波整流电压的测量	正确测量,并记录波形	15		测量错误,扣 2~15 分			
改变输入电压和负载,测量输出电压	正确测量输出电压的值	20		测量错误,每处扣 4 分			
分析小结	正确分析该稳压电源的稳压效果	10		分析错误,扣 2~10 分			
安全文明操作	工作台上工具摆放整齐,严格遵守安全操作规程,符合"6S"管理要求	10		违反安全操作、工作台上脏乱、不符合"6S"管理要求,酌情扣 3~10 分			
合计		100					

学生交流改进总结：

教师签名：

【思考与讨论】

1）输入电压小于12V，该电路还能起到稳压作用吗？为什么？

2）二极管 VD_5 在电路中起什么作用？

思考与练习

11-1 整流的作用是_____，滤波的作用是_____，稳压的作用是_____。

11-2 整流电路可将正弦电压变为脉动的直流电压。_____（√、×）

11-3 线性直流电源中的调整管工作在放大状态，开关型直流电源中的调整管工作在开关状态。_____（√、×）

11-4 试用连接线将图 11-15 所示的元器件连接成桥式整流电路。

图 11-15 题 11-4 图

11-5 为什么二极管可作为整流器件应用在整流电路中？

11-6 单相桥式整流电路中，4 只二极管的极性全部反接，对输出有何影响？若其中一只二极管断开、短路或接反，对输出有何影响？

11-7 电路如图 11-16 所示：

（1）分别标出 u_{O1} 和 u_{O2} 对地的极性；

（2）u_{O1}、u_{O2} 分别是半波整流还是全波整流？

（3）当 $U_{21} = U_{22} = 20V$ 时，$U_{O1(AV)}$ 和 $U_{O2(AV)}$ 各为多少？

（4）当 $U_{21} = 18V$，$U_{22} = 22V$ 时，画出 u_{O1}、u_{O2} 的波形；求出 $U_{O1(AV)}$ 和 $U_{O2(AV)}$ 的值。

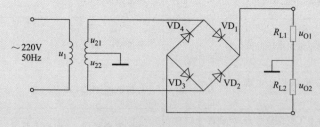

图 11-16 题 11-7 图

11-8 请上网查阅常用三端集成稳压器的资料及相关信息。

第12章 放大电路与集成运算放大器

知识目标

1. 能识读共射放大电路图，理解共射放大电路的电路结构和主要元器件的作用。
2. 了解小信号放大器的静态工作点和性能指标的含义。
3. 了解温度对放大器静态工作点的影响。
4. 了解多级放大器的三种级间耦合方式及特点。
5. 了解反馈的概念、类型及对放大电路的影响。
6. 了解集成运放的电路结构、符号、引脚功能及其理想特性在实际中的应用。

技能目标

1. 会使用万用表调试晶体管静态工作点。
2. 会安装和调试共射放大电路。

12.1 基本放大电路的概念及工作原理

话题引入

放大电路又称放大器，功能是将微弱的电信号（电压或电流）放大到我们所需要的程度。例如，从 mp3 耳机插孔输出的信号很小，只能用耳机听音乐，如果想要让更多的人分享，就必须先接功放，将信号放大，再接到音箱，这样大家就都能听到音乐了。本节我们将学习基本放大电路的概念及工作原理。

12.1.1 基本放大电路的基本概念

基本放大电路一般是由一个晶体管组成的放大电路。放大电路的功能是利用晶体管的控制作用，把输入的微弱信号不失真地放大到所需的数值。放大电路的实质，是用较小的能量去控制较大能量的一种能量转换装置。

根据输入和输出回路公共端的不同，放大电路可分为共发射极放大电路、共集电极放大电路和共基极放大电路三种基本形式，如图 12-1 所示。

12.1.2 基本共发射极放大电路的结构

图 12-2 所示电路是以 NPN 型晶体管为核心的基本放大电路。因发射极是输入、输出回

图 12-1 放大电路的三种基本放大形式

路的公共端,故称共发射极放大电路,简称共射放大电路,它是最基本的放大电路,也是复杂电子电路的基础。

共射放大电路各部分作用如下:

【晶体管 VT】 起电流放大作用,通过基极电流 i_B 控制集电极电流 i_C,是放大电路的核心器件。

【基极偏置电阻 R_b】 也称偏流电阻,电源 V_{CC} 通过 R_b 为晶体管提供发射结正向偏压,并给基极提供一个合适的直流偏置电流 I_B。

【集电极负载电阻 R_c】 R_c 将集电极电流的变化转换成集-射极之间的电压变化,这个变化的电压就是放大器的输出信号,即通过 R_c 将晶体管的电流放大作用转换为电压放大。

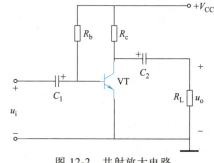

图 12-2 共射放大电路

【直流电源 V_{CC}】 为晶体管提供偏置电压,使晶体管处在放大状态,同时也是放大电路的能量来源。

【耦合电容 C_1 和 C_2】 用来传递交流信号,起到耦合的作用。同时,又使放大电路和信号源及负载间直流相互隔离,起隔直作用。

小知识

放大电路中电压、电流符号写法的规定

在没有输入信号时,放大电路中晶体管各极电压、电流都为直流。当有信号输入时,输入的交流信号是在直流的基础上变化的。所以,电路中的电压、电流都是由直流成分和交流成分叠加而成的,也就是说,放大电路中每个瞬间的电压、电流都可以分解为直流分量和交流分量两部分,为了清楚地表示交流分量和直流分量,规定如下:

1) 用大写字母加大写下标表示直流分量,如 I_B、U_{CE} 分别表示基极的直流电流和集-射极间直流电压。

2) 用小写字母加小写下标表示交流分量,如 i_b、u_{ce} 分别表示基极的交流电流和集-射极间交流电压。

3) 用小写字母加大写下标表示直流分量和交流分量的叠加,即总量。如 i_B 表示 $i_B = I_B + i_b$,即基极电流的总量。

4) 用大写字母加小写下标表示交流分量的有效值,如 U_i、U_o 分别表示输入、输出交流信号电压的有效值。

12.1.3　共射放大电路的静态分析

放大电路的工作状态分为静态和动态两种。当放大电路无交流信号输入（$u_i = 0$），仅工作在直流状态时，称为**静态**。当放大电路有信号输入（$u_i \neq 0$）时，电路中的电压、电流将随输入信号的变化做相应的变化，称为**动态**。

【**静态工作点 Q**】　放大电路静态工作时晶体管各电压电流值 U_{BE}、I_B、U_{CE} 和 I_C 在晶体管输入、输出曲线上对应的点称为静态工作点 Q，相应的电压电流值记作 U_{BEQ}、I_{BQ}、U_{CEQ} 和 I_{CQ}。

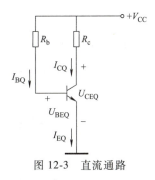

图 12-3　直流通路

> **提示**　静态工作点 Q 不仅影响电路是否会产生失真，而且影响着放大电路几乎所有的动态参数。因此，设置合适的静态工作点，是放大电路能否正常工作的前提条件。

【**静态分析**】　静态分析即确定放大电路的静态工作点 U_{BEQ}、I_{BQ}、U_{CEQ} 和 I_{CQ} 的值，以确定晶体管是否满足放大要求。其中 U_{BEQ} 基本恒定（硅管约为 0.7V，锗管约为 0.2V）。

为了便于分析和计算，需要画出放大电路的直流通路（即直流等效电路），如图 12-3 所示，将图 12-1 中电容 C_1 和 C_2 开路就可以得到共射放大电路的直流通路。

> **提示**　画直流通路的方法是：将电容元件视为开路，电感元件视为短路，信号源视为短路，之后所得到的电路称为直流通路。

由图 12-3 所示的直流通路可求得该放大电路的静态工作点为

$$I_{BQ} = (V_{CC} - U_{BEQ})/R_b \approx V_{CC}/R_b \tag{12-1}$$

$$I_{CQ} = \beta I_{BQ} \tag{12-2}$$

$$U_{CEQ} = V_{CC} - I_{CQ}R_c \tag{12-3}$$

*12.1.4　共射放大电路的动态分析

课堂实验

放大电路的动态测试（教师演示）

【**实验现象**】　按图 12-4 接好实验电路，由信号发生器输入 1kHz、10mV 的正弦波信号，调试好静态工作点后，用双踪示波器观察输入和输出电压波形幅值和相位情况，可得到图 12-5 所示波形。由图可见动态时，电路中各电量在原静态值上叠加了一个交流分量。

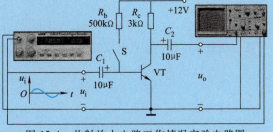

图 12-4　共射放大电路工作情况实验电路图

课堂实验

【实验结论】 由实验可以看到输出电压 u_o 比 u_i 大得多，说明共射放大电路具有电压放大作用；u_o 和 u_i 反相，说明共射极放大电路还具有倒相作用，故这种电路也称为反相器。

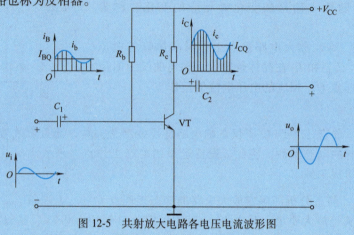

图 12-5 共射放大电路各电压电流波形图

12.1.5 放大电路的主要性能指标

放大电路的主要性能指标包括放大倍数、输入电阻和输出电阻等，一般要进行放大电路的动态分析（分析对象是交流量）才能得到这些参数。

【放大倍数】 放大倍数是描述放大器放大能力的指标，常用 A 表示。放大器的框图如图 12-6 所示。左边是输入端，外接信号源，u_i、i_i 分别为输入电压和输入电流；右边是输出端，外接负载，u_o、i_o 分别为输出电压和输出电流。

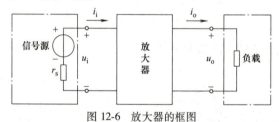

图 12-6 放大器的框图

电压放大倍数为放大电路输出电压与输入电压之比，即

$$A_u = \frac{u_o}{u_i} \tag{12-4}$$

除电压放大倍数，还有电流放大倍数 A_i 和功率放大倍数 A_p。三者关系为

$$A_i = \frac{i_o}{i_i}$$

$$A_p = \frac{p_o}{p_i} = \frac{i_o u_o}{i_i u_i} = A_i \cdot A_u \tag{12-5}$$

工程上常用对数来表示放大倍数，称为增益 G，单位为分贝（dB）。

电压增益 $\qquad G_u = 20\lg A_u \qquad$ (12-6)

【输入电阻 r_i】 输入电阻 r_i 是从放大器的输入端向放大器里面看进去的等效电阻，它反映了放大器工作时，向信号源索取电流的本领。r_i 大，则放大器向信号源索取的电流小，从放大器的性能来说，放大器的输入电阻大一些好。

【输出电阻 r_o】 输出电阻 r_o 是当放大器不接负载（空载）时，从放大器的输出端向放大器里面看进去的等效电阻；输出电阻反映了放大器的负载能力。r_o 小，则带负载能力强，从放大器的性能来说，放大器的输出电阻小一些好。

*12.1.6 分压式偏置放大电路

【温度对静态工作点的影响】 基本共射放大电路虽然结构简单，调试方便，电压放大作用明显，但其静态工作点易受外界条件变化影响，难以保持稳定。

引起静态工作点不稳定的原因很多，如电源电压波动、电路参数变化、晶体管老化等，但影响最大的是温度的变化。例如当温度升高时，发射结正向电压 U_{BEQ} 减小，电流放大倍数 β 增大，都会使 I_{CQ} 增大，导致静态工作点 Q 发生变化，引起放大电路动态参数发生变化，甚至造成放大电路不能正常工作。

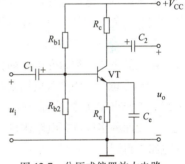

为了稳定静态工作点，可以从电路结构上采取措施，分压式偏置放大电路就是典型的 Q 点稳定电路。

【分压式偏置放大电路】 分压式偏置放大电路如图 12-7 所示，图中 R_{b1} 和 R_{b2} 分别为上下偏置电阻，组成分压电路，为晶体管提供基极偏置电压 U_{BQ}。R_e 为发射极电阻，起稳定静态工作点的作用。C_e 为发射极旁路电容，它的作用是提供交流信号通路，以减少信号损耗，使放大器的交流放大能力不因 R_e 的存在而降低。

图 12-7 分压式偏置放大电路

12.2 多级放大电路

话题引入

单个放大电路的放大倍数较低，一般只有几十倍，然而，在实际的电子设备中，往往要求放大很多倍，为此需要把多个基本放大电路合理地连接，构成多级放大电路，以满足实际工作的需要。多级放大电路的一般结构如图 12-8 所示，第一级与信号源相连称为输入级，最后一级与负载相连称为输出级，其余称为中间级。

图 12-8 多级放大器组成框图

12.2.1 多级放大电路的耦合方式

组成多级放大电路的每一个基本放大电路称为一级，级与级之间的连接称为耦合。多级放大电路有三种常见的耦合方式：直接耦合、阻容耦合和变压器耦合。

【直接耦合多级放大电路】 将放大电路前级的输出端直接连接到后级输入端的方式，称为直接耦合。

由于直接耦合多级放大电路各级的直流通路互相连通，所以各级静态工作点相互影响，这样就给电路的分析、设计和调试带来一定的困难。但直接耦合多级放大电路具有良好的低频特性，不仅能放大交流信号，也能放大缓慢变化的信号；且体积小，易于集成化。

【阻容耦合多级放大电路】 将放大电路前级输出端通过电容 C 连接到后级输入端的方式，称为阻容耦合。

阻容耦合多级放大电路，由于耦合电容的隔直流通交流作用，所以各级静态工作点彼此独立，互不影响，电路的分析、设计和调试简单易行。但阻容耦合多级放大电路低频特性差，不能放大缓慢变化的信号，信号频率越低，电容上衰减越大，且不便于集成化。

【变压器耦合多级放大电路】 将放大电路前级的输出信号通过变压器接到后级的输入端或负载电阻上的方式，称为变压器耦合。

变压器耦合多级放大电路前后级靠磁路耦合，所以与阻容耦合电路一样，它的各级放大电路的静态工作点相互独立，但它的低频特性差，不能放大缓慢变化的信号，且笨重，更不能集成化。与前两种多级放大电路比较，其最大的特点是可以实现阻抗变换，因而在分立元器件功率放大电路中得到广泛应用。

12.2.2 多级放大电路的主要参数

在分析多级放大电路时我们时常关注以下几个参数。

【电压放大倍数】 在多级放大电路中，由于前级的输出电压就是后级的输入电压，所以总的电压放大倍数等于各级放大倍数之积，对于 n 级放大电路，有

$$A_u = A_{u1}A_{u2}\cdots A_{un} \tag{12-7}$$

【输入电阻】 多级放大电路的输入电阻 R_i 就是第一级的输入电阻 R_{i1}，即

$$R_i = R_{i1} \tag{12-8}$$

【输出电阻】 多级放大电路的输出电阻 R_o 等于第 n 级（末级）的输出电阻 R_{on}，即

$$R_o = R_{on} \tag{12-9}$$

12.3 功率放大器和差动放大电路

话题引入

在电子电路中，当负载为扬声器、继电器或伺服电动机等设备时，要求为负载提供足够的功率，通常把此类电子电路的输出级称为功率放大器，简称功放。图 12-9 所示为应用功率放大器组成的扩音系统。

第 12 章 放大电路与集成运算放大器

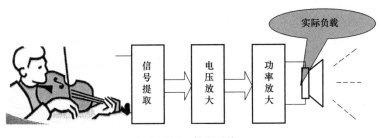

图 12-9 扩音系统

12.3.1 功率放大器

1. 功率放大器的特点

功率放大器与电压放大电路都属于能量转换电路,将电源的直流功率转换成放大信号的交流功率,从而起到功率和电压放大作用,但它们的功能各不相同。电压放大电路主要使负载得到不失真的电压信号。功率放大器的主要任务是向负载提供较大的信号功率,故功率放大器应满足以下几个要求。

1) 输出功率要足够大。为了获得最大的输出功率,担任功率放大任务的晶体管工作参数往往接近极限状态,这样在允许的失真范围内才能得到最大的输出功率。

2) 效率要高。在直流电源提供相同直流功率的条件下,输出信号功率越大,电路的效率越高。

3) 非线性失真要小。功率放大器是在大信号状态下工作,输出信号不可避免地会产生一定的非线性失真。在实际应用中,要采取措施减少失真,使之满足负载要求。

2. 功率放大器的分类

根据所设静态工作点的不同状态,常用功率放大电路可分为甲类、乙类、甲乙类等。

1) 甲类功率放大器在输入信号的整个周期内,功率放大管都有电流通过,如图 12-10a 所示。

2) 乙类功率放大器的晶体管只在输入信号的正半周导通,负半周截止,如图 12-10b 所示。

3) 甲乙类功率放大器晶体管导通的时间大于信号的半个周期,即介于甲类和乙类之间,如图 12-10c 所示。

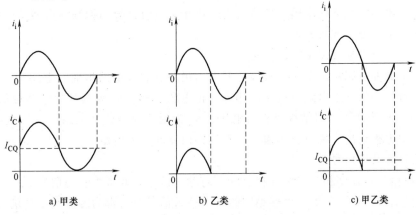

a) 甲类   b) 乙类   c) 甲乙类

图 12-10 功率放大器的分类

3. 功率放大器的交越失真

图 12-11 为乙类互补对称功率放大器，由于没有直流偏置，只有当输入信号 u_i 大于晶体管的门槛电压时，晶体管才能导通。当输入信号 u_i 低于门槛电压时，VT_1 和 VT_2 都截止，i_{c1} 和 i_{c2} 基本为零，负载 R_L 上无电流通过，出现一段死区。这种现象称为交越失真。

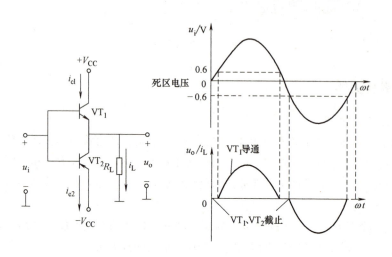

图 12-11　乙类互补对称功率放大器的交越失真

12.3.2　差动放大电路

1. 零点漂移

放大电路没有外加信号时，输出端有缓慢变化电压输出，这种现象称为零点漂移，简称零漂。产生零点漂移的原因是电路中参数变化，如电源电压波动、元器件老化、半导体器件参数随温度而变化。其中主要因素是温度的影响，所以有时也用温度漂移或时间漂移来表示。工作点参数的变化往往由相应的指标来衡量。

2. 差动放大电路

差动放大电路能放大两个输入信号之差，由于它具有优异的抑制零点漂移的特性，因而成为集成运放的主要组成单元。

差动放大电路组成如图 12-12 所示。

基本差动放大电路由两个完全对称的共发射极单管放大电路组成。电路中，VT_1 和 VT_2 型号相同、特性一致，各电阻阻值对应相等。正电源（$+V_{CC}$）为两管集电结提供反偏电压，负电源（$-V_{CC}$）为两管发射结提供正偏电压，R_e 为两管射极公共电阻。信号从两个管子的基极输入，集电极输出，构成双端输入、双端输出差动放大电路。

差模信号和共模信号：

1）**差模信号**：幅度相等、极性相反的一对输入信号。通常为有用信号。
2）**共模信号**：幅度相等、极性相同的一对输入信号。通常为温漂和干扰信号。
3）**比较输入**：差动放大电路放大两个输入信号的差值信号。

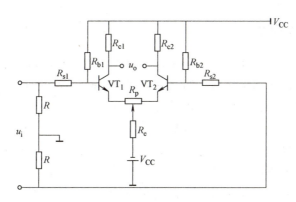

图 12-12 差动放大电路组成

差动放大电路的输入和输出方式：

1) 差动放大电路可以有两个输入端：同相输入端和反相输入端。根据规定的正方向，在某输入端加入一定极性的信号，如果输出信号的极性与其相同，则该输入端称为同相输入端。反之，如果输出信号的极性与其相反，则该输入端称为反相输入端。

2) 信号的输入方式：若信号同时加到同相输入端和反相输入端，则称为双端输入；若信号仅从一个输入端加入，则称为单端输入。

3) 信号的输出方式：差动放大电路可以有两个输出端：集电极 C_1 和 C_2。从 C_1 和 C_2 输出称为双端输出；仅从集电极 C_1 或 C_2 对地输出称为单端输出。

按照信号的输入/输出方式或输入端与输出端接地情况的不同，差动放大电路有四种接法：双端输入/双端输出；双端输入/单端输出；单端输入/双端输出；单端输入/单端输出。

差动放大电路特性：

1) 差动放大电路对零漂在内的共模信号有抑制作用。

2) 差动放大电路对差模信号有放大作用。

3) 共模负反馈电阻 R_e 的作用：①稳定静态工作点。②对差模信号无影响。③对共模信号有负反馈作用。R_e 越大对共模信号的抑制作用越强，但也可能使电路的放大能力变差。

3. 抑制零点漂移的原理

差动放大电路的输出为两管集电极电位之差，即 $u_o = u_{c1} - u_{c2}$。因电路对称，当温度变化时，在两管集电极引起的电流变化相同，集电极电压的变化也相同，输出电压的变化量 $\Delta u_o = \Delta u_{c1} - \Delta u_{c2} = 0$。虽然两管分别出现了零漂，但因为相互抵消，零点漂移得到抑制。

12.4　负反馈放大电路

话题引入

负反馈是改善放大电路性能的一种重要手段，在现代工业产品中所用到的放大器几乎都带有反馈。了解这种放大电路的特性和应用，对解决实际电路问题具有重要的意义。

12.4.1 负反馈的基本概念

【反馈】 如图 12-13 所示，在电子电路中，将放大电路的输出量（输出电压或输出电流）的一部分或全部通过一定的电路形式回送到放大电路输入回路，用来影响其输入量（输入电压或输入电流）的措施称为反馈。反馈到输入端的信号称为反馈信号，用于传输反馈信号的电路称为反馈电路或反馈网络，带有反馈环节的放大电路称为反馈放大电路。

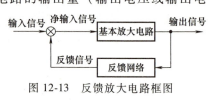

图 12-13 反馈放大电路框图

【负反馈】 根据放大电路反馈的效果，反馈可分为正反馈和负反馈。如果反馈使放大电路净输入量增大，则称为正反馈；如果反馈使放大电路净输入量减小，则称为负反馈。由于负反馈可以改善多项放大器的性能指标，因此在现代工业产品中所用到的放大器几乎都带有负反馈。负反馈电路与放大电路的组合有四种方式，即电压串联负反馈、电压并联负反馈、电流串联负反馈和电流并联负反馈。

12.4.2 反馈类型的判断

【电压反馈还是电流反馈的判断】 判断是电压反馈还是电流反馈时，常用"输出短路法"，即假设负载短路（$R_L=0$），使输出电压 $u_o=0$，看反馈信号是否还存在。若反馈信号为零，则为电压反馈；若反馈信号仍然存在，则为电流反馈。

【串联反馈还是并联反馈的判断】 判断是串联反馈还是并联反馈主要是根据反馈信号、原输入信号和净输入信号在电路输入端的连接方式和特点。

若反馈信号和输入信号在输入端以电流方式相加减，则为并联反馈；若反馈信号和输入信号在输入端以电压方式相加减，即为串联反馈。对于共射放大电路，若反馈信号接基极，则为并联反馈；若反馈信号接发射极，则为串联反馈。

【正反馈还是负反馈的判断】 判断正反馈还是负反馈时，使用"瞬时极性法"。假设在放大电路的输入端引入一瞬时增加的信号，这个信号通过放大电路和反馈回路回到输入端，反馈回采的信号如果使引入的信号增加，则为正反馈，否则为负反馈。

12.4.3 负反馈对放大电路性能的影响

放大电路引入负反馈后，能使其多项性能指标得到改善：

【提高放大倍数的稳定性】 一般来讲，放大电路的放大倍数是不稳定的，例如，环境温度变化、更换晶体管、负载发生变化时都会引起放大倍数的变化，引入负反馈后能减小这种变化。

【改变放大电路的输入、输出电阻】 负反馈对放大电路输入、输出电阻的影响与放大电路的反馈类型有关。电压负反馈使输出电阻减小，电流负反馈使输出电阻增大；并联负反馈使输入电阻减小，串联负反馈使输入电阻增大。

【展宽通频带】 通频带反映放大电路对输入信号频率变化的适应能力，既然放大电路引入负反馈后，由于各种原因引起的放大倍数的变化都将减小，那么，由信号频率的变化引起的放大倍数的变化也将减小，即负反馈的效果是展宽了通频带。

【减小非线性失真】 对于理想放大电路，其输出信号与输入信号应完全呈线性关系，若输入正弦波信号，则输出也应是正弦波，不应该产生失真。但是，由于组成放大电路的半导体器件均有非线性特性，所以会引起输出波形的非线性失真，引入负反馈后可以在一定程度上减小输出波形的非线性失真。

例如，在图 12-14a 所示电路中，在放大电路没有引入负反馈时，假定输出电压的失真波形 u_o 是正半周大，负半周小。当放大电路引入负反馈后，如图 12-14b 所示（这里以引入电压串联负反馈为例，来说明它是如何减小非线性失真的），由于反馈电压 u_f 正比于输出电压 u_o，因此反馈电压 u_f 的波形也为正半周大，负半周小，当其反馈到输入端与输入电压 u_i 叠加后，得到的净输入电压 $u_i'=u_i-u_f$ 的波形却变成正半周小，负半周大，这种失真的波形再经过基本放大电路放大就抵消了原先输出波形的失真，从而减小了非线性失真，改善了输出波形。

对于共发射极放大电路

$$\begin{cases} \text{反馈信号接基极（和基极比较）} \begin{cases} \text{相同为正} \\ \text{相反为负} \end{cases} \\ \text{反馈信号接发射极（和发射极比较）} \begin{cases} \text{相同为负} \\ \text{相反为正} \end{cases} \end{cases}$$

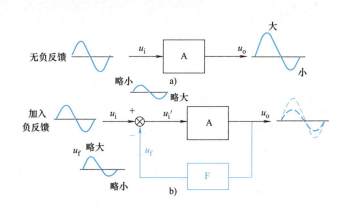

图 12-14 负反馈对非线性失真的改善

12.4.4 负反馈放大电路应用的几个问题

1. 欲稳定电路中的某个量，则采用该量的负反馈

稳定直流，则引入直流反馈；稳定交流，则引入交流反馈；稳定输出电压，则引入电压反馈；稳定输出电流，则引入电流反馈。

2. 根据对输入、输出电阻的要求选择反馈类型

欲提高输入电阻，采用串联反馈，欲降低输入电阻，采用并联反馈；要求高内阻输出，采用电流反馈；要求低内阻输出，采用电压反馈。

3. 为使反馈效果增强，根据信号源及负载确定反馈类型

信号源为恒压源，采用串联反馈；信号源为恒流源，采用并联反馈；要求带负载能力强，采用电压反馈；要求恒流源输出，采用电流反馈。

12.5 集成运算放大器

话题引入

运算放大器简称为运放，是一种高放大倍数、高输入电阻、低输出电阻的直接耦合放大电路。利用运算放大器可非常方便地完成信号放大、信号运算（加、减、乘、除、对数、反对数、二次方、开方等）、信号处理（滤波、调制）以及波形的产生和变换。如果将整个运算放大器集成在一个小硅片上，就成为集成运算放大器，简称集成运放。目前应用最为广泛的集成运算放大器型号有 LM358 和 LM324 等，外形如图 12-15 所示。

图 12-15 常用集成运算放大器外形

12.5.1 集成运算放大器的基本特征

1. 集成运算放大器的电气符号

集成运放的电气图形符号如图 12-16 所示，电路抽象为具有两个输入端 u_P、u_N 和一个输出端 u_o 的三端放大器，其中标"+"的为同相输入端，标"-"的为反相输入端。

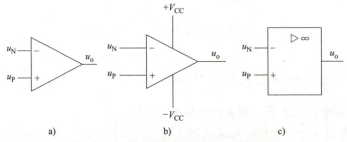

图 12-16 集成运放的常用电气图形符号

> **提示**
> 1. 集成运放是多端器件，但画电路图时为了简便起见，通常只画出它的输入端和输出端，其余各端（如电源端）都省略不画。
> 2. 这里同相和反相是指输入电压和输出电压之间的相位关系。当同相输入端 u_P 接地，反相输入端 u_N 加一个信号时，输出电压 u_o 与输入电压 u_N 相位相反；反之，当 u_N 接地，u_P 加一个信号时，u_o 与 u_P 相位相同。

2. 集成运算放大器的结构

集成运放实质上是一个具有高放大倍数、高输入电阻和低输出电阻的多级直接耦合放大电路。它的内部通常包含四个基本组成部分，即 输入级、中间级、输出级 和 偏置电路，如图 12-17 所示。其中，中间级是主放大器，主要提供足够大的电压放大倍数；输出级主要提供足够的输出功率，偏置电路主要为各级放大电路建立合适而稳定的静态工作点。

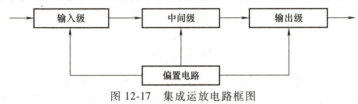

图 12-17　集成运放电路框图

12.5.2　集成运算放大器的主要参数及理想特性

【开环差模电压放大倍数 A_{od}】　A_{od} 是指集成运放无外加反馈时的差模电压放大倍数，即 $A_{od} = u_o/(u_P - u_N)$。通用型集成运放的 A_{od} 通常在 10^5 左右，且 A_{od} 越大，运算精度越高。理想运放中，$A_{od} \to \infty$。

【差模输入电阻 r_{id}】　r_{id} 是指集成运放对输入差模信号的输入电阻。r_{id} 越大，从信号源索取的电流越小，对信号源的影响也越小。理想运放中，$r_{id} \to \infty$；输出电阻 $r_o \to 0$。

【共模抑制比 K_{CMR}】　K_{CMR} 是指差模放大倍数与共模放大倍数之比的绝对值，即 $K_{CMR} = |A_{od}/A_{oc}|$。$K_{CMR}$ 越大，对共模信号抑制能力越强。理想运放中，$K_{CMR} \to \infty$。

根据上述参数的理想数据，可得到理想运放的两个重要特性：

【虚短】　由于理想运放的开环差模电压放大倍数为 $A_{od} = u_o/(u_P - u_N) \to \infty$，可得 $u_P - u_N = u_o/A_{od} = 0$，故有 $u_P = u_N$，即集成运放同相输入端和反相输入端电位相等，相当于短路，但又不是实际电路短路，故称为 虚短。

【虚断】　由于理想运放的差模输入电阻 $r_{id} \to \infty$，故可认为其两个输入端的净输入电流为零，即 $i_P = i_N = 0$，好像电路断开一样，但又不是实际断开电路，故称为 虚断。

> **提示**　在实际分析集成运放应用电路的工作原理时，如无特别说明，均将集成运放作为理想运放来考虑。

12.5.3　集成运算放大器的应用电路

集成运算放大器在其外围接入适当的反馈网络，可以组成多种功能的应用电路。在此，仅以反相比例运算放大电路和同相比例运算放大电路为例介绍运放应用电路的分析方法。

1. 反相比例运算放大电路

【电路结构】　反相比例运算放大电路如图 12-18a 所示，输入电压 u_I 经电阻 R_1 作用于集成运放的反相输入端，故输出电压 u_O 与输入电压 u_I 反相。同相输入端经电阻 R_2 接地，R_2 为补偿电阻，以保证集成运放输入级的对称性。在反相输入端和输出端之间接一反馈电阻 R_f，引入反馈。

【电路功能】　根据理想运放"虚断"的特性，有 $i_P = i_N = 0$，由图可知

$$i_1 = i_F$$

$$\frac{u_I - u_N}{R_1} = \frac{u_N - u_O}{R_f}$$

根据理想运放"虚短"的特性，有 $u_P = u_N = 0$，可得：

$$\frac{u_I}{R_1} = -\frac{u_O}{R_f}$$

$$u_O = -\frac{R_f}{R_1} u_I$$

可见，u_O 与 u_I 成比例关系，比例系数为 $-R_f/R_1$，负号表示 u_O 与 u_I 反相，即该电路完成了对输入信号的反相比例运算，且比例系数的数值可以是大于 1、等于 1 或小于 1 的任何值。

2. 同相比例运算电路

【电路结构】 将图 12-18a 所示电路中的输入端和接地端互换，即同相端输入信号，反相端接地，就得到同相比例运算电路，如图 12-18b 所示。

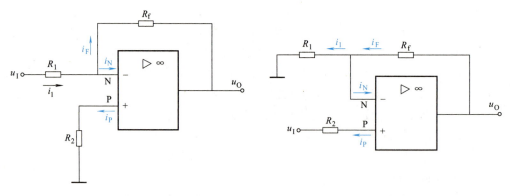

a) 反相比例运算放大电路　　　　　　b) 同相比例运算放大电路

图 12-18　运放应用电路

【电路功能】 根据理想运放"虚断"的特性，有 $i_P = i_N = 0$，由图可知

$$i_1 = i_F$$

$$\frac{u_N - 0}{R_1} = \frac{u_O - u_N}{R_f}$$

根据理想运放"虚短"的特性，有 $u_P = u_N = u_I$，可得：

$$\frac{u_I - 0}{R_1} = \frac{u_O - u_I}{R_f}$$

$$u_O = \left(1 + \frac{R_f}{R_1}\right) u_I$$

可见，u_O 与 u_I 成比例关系，比例系数为 $(1+R_f/R_1)$，且 u_O 与 u_I 同相，即该电路完成了对输入信号的同相比例运算，且 u_O 大于 u_I。

小知识

集 成 电 路

集成电路是一种微型电子器件或部件。它采用专门的制造工艺,把一个电路中所需的电阻、电容、二极管、晶体管等元器件及它们之间的连线互连在一起,制作在一小块或几小块半导体晶片或介质基片上,然后封装在一个管壳内,构成具有特定功能的器件。

集成电路使整个电路的体积大大缩小,且引出线和焊接点的数目也大为减少,从而使电子产品向着微小型化、低功耗和高可靠性方面迈进了一大步。随着科技的发展和集成电路生产工艺水平的提高,数字电路的集成度越来越高,从小规模(SSIC)、中规模(MSIC)、大规模集成电路(LSIC)发展到超大规模集成电路(VLSIC),特大规模集成电路(ULSIC)及巨大规模集成电路(GSIC)。

技 能 训 练

技能训练指导12-1　函数信号发生器的使用

函数信号发生器前面板结构如图12-19所示,下面我们来介绍函数信号发生器的基本使用方法。

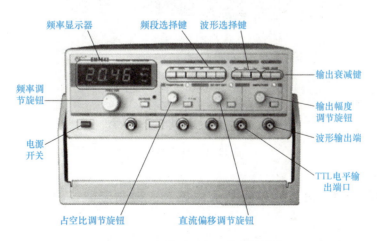

图12-19　函数信号发生器前面板结构

【接通电源】　按下电源开关,待预热15min进入稳定工作状态后,再进行下一步操作。

【选择信号波形】　按波形选择键选择输出信号波形。

【调节信号频率】　先按频段选择键,选择一个所需的工作频段,然后再调节频率调节旋钮,使输出信号达到所需要的频率值。

【调节信号幅度】 调节输出幅度调节旋钮，使输出信号幅度至需要大小，如果需要更小的信号，可按下输出衰减键，再调至相应大小。

【设置直流偏置】 可调节直流偏移调节旋钮使直流电平偏移至需要值。

【做 TTL 逻辑电路实验】 可以从 TTL 电平输出端直接引出输出信号使用。

其他部分按键功能详见函数信号发生器使用说明书。

技能训练指导 12-2　数字毫伏表的使用

数字毫伏表前面板结构如图 12-20 所示，下面介绍数字毫伏表的基本使用方法。

1）打开电源：按下电源开关，待预热 15min 进入稳定工作状态后，再进行下一步操作。

2）选择测量方式：有手动测量和自动测量两种方式，前者需要手动选择测量量程，后者根据被测电压大小自动选择测量量程。

3）选择测量通道：有 CH1 和 CH2 两个通道，根据被测电压的连接方式选择。

4）测量电压：将被测信号接入数字毫伏表，数码管显示即为被测电压有效值。

其他部分按键功能详见数字毫伏表使用说明书。

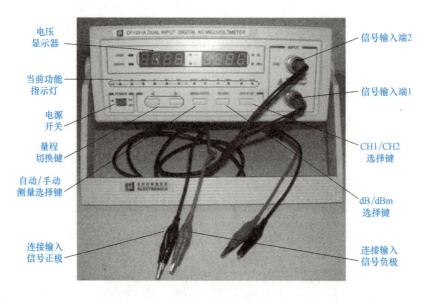

图 12-20　数字毫伏表

技能训练项目 12-1　分压式偏置放大电路的安装与测试

【实训目标】

1）学会分压式偏置放大电路的安装与调试方法。

2）能正确使用函数信号发生器和数字毫伏表。

3）加深理解分压式偏置放大电路的结构和工作原理。

【实训器材】

直流稳压电源一台、函数信号发生器一台、数字毫伏表一块、万用表一块、电烙铁一把、烙铁架一个、焊锡丝、万能实验板一块、螺钉旋具一把、斜口钳一把。实训中搭接电路所需元器件见表 12-1。

表 12-1 元器件明细表

代号	名称	规格型号	数量
VT	晶体管	9013	1
R_1	电阻器	RT1-0.125-b-10kΩ±5%	1
R_2	电阻器	RT1-0.125-b-5.1kΩ±5%	1
R_3	电阻器	RT1-0.125-b-3.3kΩ±5%	1
R_4	电阻器	RT1-0.125-b-1kΩ±5%	1
RP	电位器	100kΩ	1
C_1、C_3	电解电容器	CD11-16V-10μF	2
C_2	瓷片电容器	CC1-63V-300pF	1
C_4	电解电容器	CD11-16V-100μF	1

【实训电路】 实训中所采用的分压式偏置放大电路如图 12-21 所示。

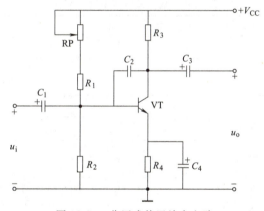

图 12-21 分压式偏置放大电路

【实训内容及步骤】

1)按照元器件明细表,识别并检测各元器件质量。

2)在万能实验板上完成分压式偏置放大电路的安装与焊接,制作完毕的电路板正、反面如图 12-22 所示。

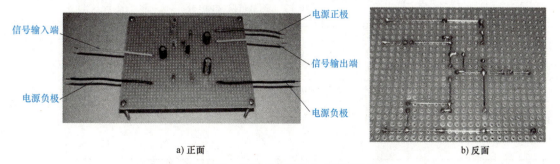

a)正面　　　　　　　　　　　　　　b)反面

图 12-22 分压式偏置放大电路实物图

3）检查无误，接通电源。

4）调整 RP，使晶体管 VT 发射极对地电压为 1.5V。

5）用万用表测试晶体管的静态工作点，如图 12-23 所示。并计算晶体管电流放大系数 β，将结果记入表 12-2 中。

6）用函数信号发生器产生 1000kHz、10mV 的正弦波信号加在放大器的输入端，用数字毫伏表分别测出输入、输出端电压的有效值，并计算电路空载时的电压增益，将结果记入表 12-3 中。

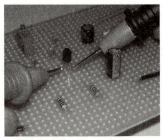

图 12-23　晶体管测试

表 12-2　晶体管静态工作点的测试

电压/V	电流/mA	计　　算
$V_B =$	$I_B =$	根据 I_B、I_C 计算晶体管电流放大系数 $\beta =$
$V_C =$	$I_C =$	
$U_{BE} =$	$I_E =$	

表 12-3　放大器电压增益的测试

输入电压/V	输出电压/V	电　压　增　益
$u_i =$	$u_o =$	

【自评互评】

姓名				互评人			
项目	考核要求		配分	评分标准		自评分	互评分
元器件的识别与检测	正确识别与检测元器件		10	识别、检测错误一处，扣 1 分			
安装电路	1. 元器件安装规范 2. 电路装配整齐、美观		20	1. 错装、漏装、歪斜，每处扣 1 分 2. 电路装配不整齐、不美观，扣 1~8 分			
焊接电路	焊点符合工艺要求		20	不符合要求，每处扣 1 分			
调整静态工作点	调整 RP，使 V_E 为 1.5V		5	不能实现，扣 5 分			
测试静态工作点	正确测量 V_B、V_C、V_{BE}、I_B、I_E、I_C		25	测量错误，每处扣 5 分			
测试电压增益	正确测量放大器空载时的电压增益		10	测量错误，扣 10 分			
安全文明操作	工作台上工具摆放整齐，严格遵守安全操作规程，符合"6S"管理要求		10	违反安全操作、工作台上脏乱、不符合"6S"管理要求，酌情扣 3~10 分			
合计			100				

学生交流改进总结：

教师签名：

【注意事项】

1) 在用万用表测量电压时，要注意不要让表笔碰到相邻焊点或引脚，以免造成短路。
2) 保证放大器工作电压为12V，避免输入高电压烧坏元器件。

【思考与讨论】

1) 直流电源在放大器中起什么作用？
2) RP的大小变化，对晶体管放大电路静态工作点有什么影响？
3) I_C 如何测量？

思考与练习

12-1 一个处于放大状态的电路，当输入电压是10mV时，输出电压为7V；输入电压为15mV时，输出电压为6.5V，则电压放大倍数为_____。

12-2 在放大电路的交流通路是指_____。

A. 电压回路

B. 电流通过的路径

C. 交流信号流通的路径

12-3 分析放大电路时常常采用交直流分开分析的方法，这是因为_____。

A. 晶体管是非线性器件

B. 电路中存在电容

C. 电路中有直流电容

D. 电路中既有交流量又有直流量

12-4 电路的静态是指_____。

A. 输入交流信号幅值不变时的电路状态

B. 输入交流信号频率不变时的电路状态

C. 输入交流信号且幅值为0时的电路状态

D. 输入端开路时的状态

12-5 在直流通路中，只考虑直流电源的作用。_____（√、×）

12-6 共发射极放大电路的输出信号与输入信号反相。_____（√、×）

12-7 电路如图12-24所示，集成运放输出电压的最大幅值为±14V，试填入表12-4中。

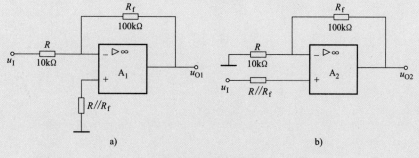

图12-24 题12-7图

表 12-4　题 12-7 表

u_I/V	0.1	0.5	1.0	1.5
u_{O1}/V				
u_{O2}/V				

12-8　电路如图 12-25 所示，已知晶体管 $\beta = 50$，在下列情况下，用直流电压表测晶体管的集电极电位，应分别为多少？设 $V_{CC} = 12V$，晶体管饱和管压降 $U_{CES} = 0.5V$。

（1）正常情况；（2）R_{b1} 短路；（3）R_{b1} 开路；（4）R_{b2} 开路；（5）R_c 短路。

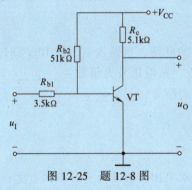

图 12-25　题 12-8 图

12-9　请上网查阅常用集成运算放大器的资料及相关信息。

第13章 数字电子技术基础

 知识目标

1. 了解模拟信号与数字信号的特点。
2. 了解常用数制及数制之间的转换方法。
3. 了解 8421BCD 码的表示形式。
4. 了解与门、或门、非门等基本逻辑门的逻辑功能及其电气符号。
5. 了解与非门、或非门等复合逻辑门的逻辑功能及其电气符号。
6. 了解常用 TTL 及 CMOS 集成门电路的型号、使用常识及其引脚排列。

 技能目标

1. 能识别常用集成逻辑门电路的型号及引脚功能。
2. 会测试常用集成门电路的逻辑功能并判断其好坏。

13.1 数字电路基础知识

 话题引入

近年来,随着大规模、超大规模集成电路技术的发展,数字电子技术的应用范围越来越广,数字产品体积越来越小,功能越来越强,可靠性越来越高。图 13-1 所示为一块数字手机电路板,相比过去的"大哥大",体积小了很多,但功能和性能却远远超过了"大哥大"。本节我们就从数字电子技术的基础知识开始,认识数字电路。

13.1.1 模拟信号与数字信号

信号是运载消息的工具,是消息的载体。从广义上讲,它包含光信号、声信号和电信号等。在电子电路中传输和处理的信号是电信号,即随时间变化的电压或电流。比如电视、手机接收的无线电信号和固定电话中传输的电流信号等。电子技术中的电信号大致可分为两大类:模拟信号和数字信号。

【模拟信号】 如图 13-2a 所示,在数值上和时间上都是连续变化的信号,称为模拟信号。用来处理模拟信号的电路称为模拟电路。

图 13-1 数字手机电路板

【数字信号】 如图 13-2b 所示，在数值和时间上均离散（也就是不连续）的信号，称为数字信号。对数字信号进行传递、处理、运算和存储的电路称为数字电路。

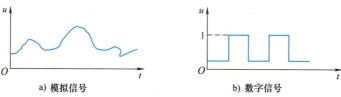

a) 模拟信号　　　　　　　　b) 数字信号

图 13-2 模拟信号和数字信号

想一想

生活中哪些信号是模拟信号，哪些信号是数字信号？

13.1.2 数制

数制是人们对数量计算的一种统计规律。在日常生活中，我们习惯使用十进制，而在数字电路系统中通常采用二进制数。

1. 常用数制

【十进制】 十进制是日常生活和工作中最常使用的进位计数制，在十进制数中，有 0、1、2、3、4、5、6、7、8 和 9 十个数码，通常把数码的个数称为基数，所以十进制数的基数是 10，超过 9 的数必须用多位表示，其中低位和相邻高位之间的关系是"逢十进一"，故称为十进制数。

十进制数中不同位置上的数的单位数值称为权，例如，123.123，从小数点开始，左起第 1 位（个位）的权为 10^0，第 2 位（十位）的权为 10^1，从小数点开始，右起第 1 位（十分位）的权为 10^{-1}，第 2 位（百分位）的权为 10^{-2}。故 123.123 可按权展开成多项式形式：

$$(123.123)_{10} = 1 \times 10^2 + 2 \times 10^1 + 3 \times 10^0 + 1 \times 10^{-1} + 2 \times 10^{-2} + 3 \times 10^{-3}$$

所以，任意一个十进制数可表示为

$$(D)_{10} = \sum k_i \times 10^i$$

式中，k_i 是第 i 位的系数，它可以是 0~9 十个数码中的任意一个。

如果以 N 取代上式中的 10，则可得到任意进制数按权展开的形式：
$$D = \sum k_i N^i$$
式中，k_i 为第 i 位的系数，N^i 为第 i 位的权。

【二进制】 在数字电路中常用的数是二进制数。二进制数只有两个数码，即 0 和 1，遵循"逢二进一"的进位规律，比如二进制数 1101.11 的权展开式为
$$(1101.11)_2 = 1 \times 2^3 + 1 \times 2^2 + 0 \times 2^1 + 1 \times 2^0 + 1 \times 2^{-1} + 1 \times 2^{-2}$$
所以，任意一个二进制数可表示为
$$(D)_2 = \sum k_i \times 2^i$$

【十六进制】 十六进制有 16 个数码，即 0~9、A、B、C、D、E、F，遵循"逢十六进一"的进位规律，比如十六进制数 D8.4 的权展开式为
$$(D8.4)_{16} = 13 \times 16^1 + 8 \times 16^0 + 4 \times 16^{-1}$$
所以，任意一个十六进制数可表示为
$$(D)_{16} = \sum k_i \times 16^i$$

想一想

为什么在数字电路中不使用十进制数或其他非二进制的数呢？

2. 二进制数与十进制数的相互转换

【二进制转换为十进制】 二进制数转换为十进制数的换算方法是："按权展开相加法"，即将二进制数按权的形式展开，然后按十进制数求和，所得结果即为对应的十进制数。

例如：
$$(1101.101)_2 = 1 \times 2^3 + 1 \times 2^2 + 0 \times 2^1 + 1 \times 2^0 + 1 \times 2^{-1} + 0 \times 2^{-2} + 1 \times 2^{-3}$$
$$= 8 + 4 + 1 + 0.5 + 0.125$$
$$= (13.625)_{10}$$

【十进制转换为二进制】 十进制数转换为二进制数可采用"除 2 取余法"，即用二进制的基数 2 不断去除待转换的十进制数，直到商为 0，将每次除基数所得余数从后往前按顺序排列，也就是先得到的余数为低位，后得到的余数为高位，得到的结果就是对应的二进制数。

例如将 $(35)_{10}$ 转换成二进制数：

```
        2 | 35        余数      低位
          2 | 17 ……… 1          ↑
            2 | 8  ……… 1        │
              2 | 4 ……… 0        │
                2 | 2 ……… 0      │
                  2 | 1 ……… 0    │
                      0 ……… 1   高位
```

即 $(35)_{10} = (100011)_2$

3. 二进制数与十六进制数之间的转换

由于十六进制数的基数 $16 = 2^4$，所以 4 位二进制数相当于 1 位十六进制数。二进制数转换为十六进制数的方法是将一个二进制数从低位到高位，每 4 位分成一组，每组转换成 1 位十六进制数。十六进制数转换为二进制数的方法是从低位到高位，将每 1 位十六进制数转换成 4 位二进制数。

例如将二进制数 (1100101111)₂ 转换成十六进制数：

$$(1100101111)_2 = (32F)_{16}$$

练一练

将二进制数 10110101、1010.1101 转换成十进制数，将十进制数 35、25.318 转换成二进制数。

13.1.3 BCD 码

在数字系统中，对十进制数的运算处理通常都是将其转换成二进制数，再进行运算。这种用二进制代码表示十进制数的方法，称为二-十进制编码，简称 BCD 码。

BCD 码的方式有很多，其中最常用的是 8421BCD 码。这种方法是用 4 位二进制码表示十进制数的 0、1、2、3、4、5、6、7、8、9 十个数码。这 4 位二进制数各位的权值从左至右依次为 8、4、2、1，每组代码加权系数之和，就是它代表的十进制数，例如代码 0101，即代表十进制数 0+4+0+1＝5。表 13-1 为十进制数和 8421BCD 码的对应关系表。

表 13-1　8421BCD 码

十进制数	8421BCD 码	十进制数	8421BCD 码
0	0000	5	0101
1	0001	6	0110
2	0010	7	0111
3	0011	8	1000
4	0100	9	1001

>>> **提示**　4 位二进制数码有 16 种组合，原则上可任选其中的 10 种作为代码，分别代表十进制中的 0、1、2、3、4、5、6、7、8、9 这十个数码，8421 码只是其中一种，除 8421 码外还有 2421 码和 5421 码等 BCD 码。

想一想

5421BCD 码的编码对应表应该怎么写？

13.2　逻辑门电路

话题引入

在数字电路中，数字信号的高、低电平可以看成逻辑关系的"真"与"假"或二进制数中的"1"与"0"，因此数字电路可以方便地实现逻辑运算。

13.2.1 基本逻辑门

1. 与逻辑及与门电路

【与逻辑关系】 只有当决定某一事件的全部条件都具备之后，该事件才发生，否则就不发生的一种逻辑关系。

例如图 13-3a 所示电路中，只有当开关 A 与 B 全部闭合时，灯泡 Y 才亮；若开关 A 或 B 其中有一个不闭合，灯泡 Y 就不亮。

在数字电路中，这种逻辑关系表示为 $Y=A \cdot B$ 或 $Y=AB$，读作 "A 与 B"。

如果设开关的接通状态为 1，断开状态为 0，指示灯亮为 1，指示灯灭为 0，则可得与逻辑关系的运算规则为：$0 \cdot 0=0$，$0 \cdot 1=0$，$1 \cdot 0=0$，$1 \cdot 1=1$。

>> **提示** 逻辑运算中的 0 和 1 代表一种逻辑状态，无数量含义。

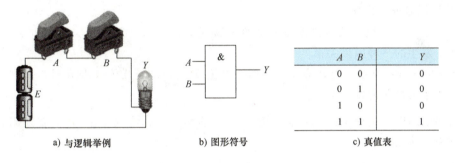

图 13-3 与逻辑运算关系

【与门电路】 与门指能够实现与逻辑关系运算的电路，其电路符号如图 13-3b 所示。一个与门有两个或两个以上的输入端，只有一个输出端，输入、输出之间的逻辑函数，即逻辑关系为

$$Y = A \cdot B$$

与门的逻辑功能可以用真值表来描述，如图 13-3c 所示。

由真值表可以看出与门电路的逻辑功能为：当输入只要有一端为 0 时，输出就为 0；只有当输入全为 1 时，输出才为 1。

2. 或逻辑及或门电路

【或逻辑关系】 在决定某事件的诸条件中，只要有一个或一个以上的条件具备，该事件就会发生；当所有条件都不具备时，该事件才不发生的一种逻辑关系。

例如图 13-4a 所示电路中，只要开关 A 或 B 其中任意一个闭合，灯泡 Y 就亮；只有 A、B 都断开时，灯泡 Y 才不亮。

在数字电路中，这种逻辑关系表示为 $Y=A+B$，读作 "A 或 B"。

逻辑关系的运算规则为：$0+0=0$，$0+1=1$，$1+0=1$，$1+1=1$。

【或门电路】 或门指能够实现或逻辑关系运算的电路，其图形符号如图 13-4b 所示。一个或门有两个或两个以上的输入端，只有一个输出端，输入、输出之间的逻辑函数为

$$Y = A+B$$

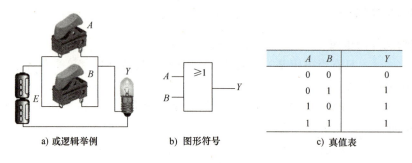

a) 或逻辑举例　　　b) 图形符号　　　c) 真值表

图 13-4　或逻辑运算关系

或门电路的真值表如图 13-4c 所示。

由真值表可知或门电路的逻辑功能为：当输入只要有一端为 1 时，输出就为 1；只有当输入全为 0 时，输出才为 0。

3. 非逻辑及非门电路

【非逻辑关系】　决定某事件的唯一条件不满足时，该事件就发生；而条件满足时，该事件反而不发生的一种因果关系。

如图 13-5a 所示电路，当开关 A 闭合时，灯泡 Y 不亮；当开关 A 断开时，灯泡 Y 才亮。这种因果关系就是非逻辑关系。

在数字电路中，这种逻辑关系表示为 $Y=\overline{A}$，读作"A 非"或"非 A"。在逻辑代数中，非逻辑称为"求反"。

非逻辑关系的运算规则为：$\overline{0}=1$，$\overline{1}=0$。

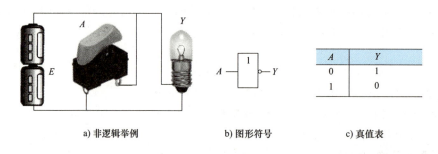

a) 非逻辑举例　　　b) 图形符号　　　c) 真值表

图 13-5　非逻辑运算关系

【非门电路】　非门是指能够实现非逻辑关系运算的电路。它有一个输入端、一个输出端，其图形符号如图 13-5b 所示。

逻辑函数为

$$Y=\overline{A}$$

非门电路的真值表如图 13-5c 所示。由表可见，非门电路的逻辑功能就是取反。

>> 提示｜逻辑符号中输出端的小圆圈表示非的意思。

想一想

生活中有哪些与、或、非的逻辑关系？

13.2.2 复合逻辑门

1. 与非门

与非门图形符号如图 13-6a 所示，实际就相当于将一个与门和一个非门按图 13-6b 所示连接，它的逻辑函数式为

$$Y = \overline{A \cdot B} = \overline{AB}$$

与非门电路的真值表见图 13-6c。

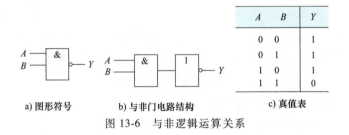

a) 图形符号　　b) 与非门电路结构　　c) 真值表

图 13-6　与非逻辑运算关系

由此可知，与非门的逻辑功能为：<u>当输入全为高电平时，输出为低电平；当输入有低电平时，输出为高电平。</u>

练一练

试着用一个与门和一个非门组成一个与非门。

2. 或非门

把一个或门和一个非门连接起来就可以构成一个或非门，如图 13-7a 所示。或非门可有多个输入端，但只能有一个输出端。

两端输入或非门的电气符号如图 13-7b 所示，它的逻辑表达式为

$$Y = \overline{A+B}$$

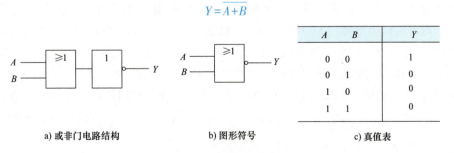

a) 或非门电路结构　　b) 图形符号　　c) 真值表

图 13-7　或非逻辑运算关系

或非门真值表如图 13-7c 所示。由此可知，或非门的逻辑功能为：当输入全为低电平时，输出为高电平；当输入有高电平时，输出为低电平。

> **提示** 实际的逻辑问题往往要比与、或、非逻辑复杂，不过它们都可以用与、或、非逻辑的组合来实现。

13.2.3 集成门电路

将若干个门电路，经集成工艺制作在同一芯片上，加上封装，引出引脚便成为集成门电路。常见的集成门电路有 TTL 系列和 CMOS 系列两大类，每一类又根据其内部包含门电路的个数、同一门输入端个数、电路的工作速度、功耗等分为多种型号。

1. TTL 集成电路简介

晶体管-晶体管逻辑电路，简称 TTL 电路，它是一种性能优良的门电路，因开关速度快、抗干扰能力强、带负载能力强而得到广泛应用。

TTL 集成电路有许多不同的系列，总体上可分为 54 系列和 74 系列，54 系列为满足军用需要设计，工作温度范围为 −50 ~ 125℃；74 系列为满足民用要求设计，工作温度范围为 0 ~ 70℃。而每一大系列中可分为以下几个子系列（以 74 系列为例）：

【74 系列】 又称标准 TTL 系列，属中速 TTL 器件。

【74L 系列】 称为低功耗 TTL 系列，又称 LTTL 系列。

【74H 系列】 称为高速 TTL 系列，又称 HTTL 系列。

【74S 系列】 称为肖特基 TTL 系列，又称 STTL 系列。

【74LS 系列】 称为低功耗肖特基系列，又称 LSTTL 系列。

【74AS 系列】 称为先进肖特基系列，又称 ASTTL 系列。

【74ALS 系列】 称为先进低功耗肖特基系列，又称 ALSTTL 系列，是 74LS 系列的后继产品。

在这些系列中，74（基本型）子系列为早期 TTL 产品，已基本淘汰，74LS 子系列以其性价比高、综合性能好而应用最广，目前仍为主流应用品种之一。

> **提示** 各类 TTL 集成电路若尾数相同（如 74LS00 和 7400），则逻辑功能完全相同。

2. CMOS 集成电路简介

CMOS 集成电路是互补金属-氧化物半导体集成电路的简称，由于功耗低（25 ~ 100μW）、电源电压范围宽（3 ~ 18V）、输入阻抗高（大于 100MΩ）、抗干扰能力强、集成度高、成本低等特点，应用范围很广，正在逐渐取代 TTL 集成电路。

在我国，CMOS 集成电路分为 CC4000 系列和 C000 系列两大类，其中 CC4000 系列产品与国际标准相同，只要 4 后面的数字相同，即为相同功能、相同特性的器件，可直接互换使用。C000 系列产品与 CC4000 系列的引脚排列不尽相同，大多不能直接代换，使用时应注意区别。

>>> 提示　集成块引脚的识别方法：如图 13-8 所示，将集成块正对准使用者，以凹口左边有一小标志点"·"为起始脚 1，逆时针方向向前数即为 1、2、3…n 脚。

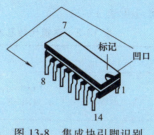

图 13-8　集成块引脚识别

3. 常见集成门电路

【集成逻辑门的内部结构】　一般一个逻辑门集成块内部包含几个相同模块的逻辑功能单元，它们在集成块内部相对独立，占用不同的引脚作为输入和输出端，但共用电源和接地引脚。图 13-9 所示是四路二输入与非门（也叫四 2 输入与非门）74LS00 外形、内部逻辑和引脚排列图，"四路"表示它有相同的 4 个逻辑功能单元，"二输入"指每个逻辑功能单元有 2 个输入端，"与非门"表示每个逻辑单元的功能。从图 13-9b 可以清晰地看到该集成块包含 4 个相同的相对独立的与逻辑门，各自占用不同的集成块引脚，在变量字母后加不同的数字加以区分，如 A1 表示第 1 个逻辑门的第 1 个输入端，Y2 表示第 2 个逻辑门的输出端，它们共用 14 脚电源（V_{CC}）和 7 脚地（GND），在数字系统中可以根据需要选用其中的一个或多个，没用到的可以闲置，不会影响其他门电路的正常工作。

a) 外形

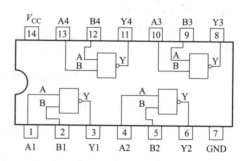

b) 内部逻辑和引脚功能图

图 13-9　四路二输入与非门 74LS00

【常用集成门电路】　常用集成门电路有 TTL 系列的四 2 输入与门 74LS08、74LS09，四 2 输入或门 74LS32，六反相器 74LS04、74LS05，四 2 输入与非门 74LS00、四 2 输入或非门 74LS02 和 CMOS 系列的四 2 输入与门 CC4081、CD4081，四 2 输入或门 CC4071、CD4071，六反相器 CC4069、CD4069，四 2 输入与非门 CC4011、CD4011，四 2 输入或非门 CC4001、CD4001，其外形、内部逻辑和引脚功能与图 13-9 相似。

13.2.4 逻辑函数及其化简

逻辑代数又称布尔代数，它是分析设计逻辑电路的数学工具。虽然它和普通代数一样也用字母表示变量，但变量的取值只有"0"和"1"两种，分别称为逻辑"0"和逻辑"1"。

1. 逻辑代数的基本定律（见表 13-2）

表 13-2 逻辑代数基本定律

定 律 名 称	定 律 内 容
0-1 律	$A+0=0 \quad A \cdot 0=0$ $A+1=1 \quad A \cdot 1=A$
交换律	$A+B=B+A \quad A \cdot B=B \cdot A$
结合律	$(A+B)+C=A+(B+C) \quad (A \cdot B) \cdot C=A \cdot (B \cdot C)$
重叠律	$A+A+A+\cdots =A \quad A \cdot A \cdot A \cdot \cdots =A$
分配律	$A+B \cdot C=(A+B)(A+C) \quad A \cdot (B+C)=A \cdot B+A \cdot C$
反演律	$\overline{A+B}=\overline{A} \cdot \overline{B} \quad \overline{A \cdot B}=\overline{A}+\overline{B}$
扩展律	$A=A(B+\overline{B})=AB+A\overline{B}$
吸收律	$A+A \cdot B=A \quad\quad A(A+B)=A$ $A+\overline{A}B=A+B \quad A(\overline{A}+B)=AB$
还原律	$\overline{\overline{A}}=A$

2. 用代数法化简逻辑函数

用代数法化简逻辑函数，就是直接利用逻辑代数的基本公式和基本规则进行化简。

（1）并项法　运用公式 $A+\overline{A}=1$，将两项合并为一项，消去一个变量。如

$$Y=AB\overline{C}+ABC=AB(\overline{C}+C)=AB$$

（2）吸收法　运用吸收律 $A+AB=A$ 消去多余的与项。如

$$Y=\overline{AB}+\overline{AB}(C+DE)=\overline{AB}$$

（3）消去法　运用消去律 $A+\overline{A}B=A+B$ 消去多余因子。如

$$Y=\overline{A}+AB+\overline{B}E=\overline{A}+B+\overline{B}E=\overline{A}+B+E$$

（4）配项法　先通过乘以 $A+\overline{A}=1$ 或加上 $A\overline{A}=0$ 增加必要的乘积项，再用以上方法化简。如

$$Y=AB+\overline{A}C+BCD=AB+\overline{A}C+BCD(A+\overline{A})$$

$$=AB+\overline{A}C+ABCD+\overline{A}BCD$$

$$=AB+\overline{A}C$$

第 13 章 数字电子技术基础

小知识

电子工业的隐形杀手——"静电"

静电是客观存在的自然现象,在人们的日常生活和工作中,经常会遇到。它存在于物体表面,是正负电荷在局部失衡时产生的一种现象,只要物体之间相互摩擦、剥离、感应就会产生静电。

在电子工业中,随着电子产品集成度越来越高,集成电路的内绝缘层越来越薄,导线宽度与间距越来越小,相应的击穿电压也越来越低。而在电子产品制造、运输及存储等过程中所产生的静电电压远远高于击穿电压,经常会使器件产生硬击穿或软击穿(器件局部损伤)现象,使其失效或严重影响产品的可靠性。

同时静电对电子产品的危害具有隐蔽性、潜在性、随机性和复杂性的特点,使之成为电子工业的隐形杀手。

实践活动

查阅相关资料,了解一下常见集成门电路的型号、结构,逻辑功能和引脚排列。

技 能 训 练

技能训练指导 13-1 数字电路实验箱

数字电路实验箱广泛应用于各种数字电子技术的教学与实验、实训中,常见的数字电路实验箱面板结构如图 13-10 所示,主要由以下几个部分组成。

1)电源模块:提供四路 ±5V/0.5A 和 ±15V/0.5A 的直流稳压电源。

2)面包板模块:由 6 块面包板组成的面包板组,是数字电子技术实验、实训中用于搭接电路的重要工具,图 13-11 所示面包板上布满了密密麻麻的插孔,用来搭接电路,其中上下两边横向排列的两组窄条,每组左边 3 组、中间 4 组、右边 3 组插孔是电气连通,一般用作电源正、负极,中间两组宽条每列的五个孔是联通的,主要用来连接电路。

3)逻辑电平输入和显示模块:一般提供十几位逻辑电平输入开关和十几位逻辑电平指示灯,灯亮表示高电平'1',灯灭表示低电平'0'。

4)数码管显示模块:由七段数码管及 CD4511 译码显示器组成译码显示电路,总共六组,可以显示 0~9 十个数字。

5)脉冲产生模块:提供正、负输出单次脉冲一组及一组频率在 1Hz、1kHz、20kHz 附近连续可调的方波脉冲源,脉冲幅值均为 TTL 电平。

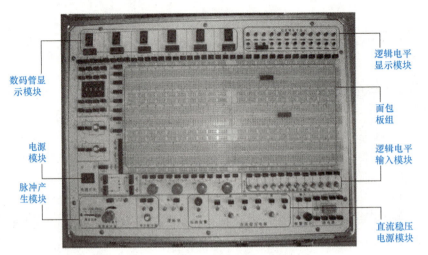

图 13-10 数字电路实验箱面板结构

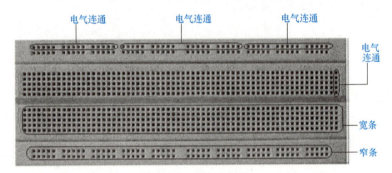

图 13-11 面包板结构

技能训练项目 13-1　常用集成门电路逻辑功能的测试

【实训目标】

1）熟悉数字逻辑实验箱的结构、基本功能和使用方法。

2）会常用集成门电路逻辑功能的测试。

【实训器材】

数字逻辑实验箱一台；万用表一块；74LS00、74LS04、74LS08、74LS32 芯片各一片；导线若干。

【实训内容】

1）测试 74LS08 四 2 输入与门的逻辑功能，将结果记入表 13-3，并判断集成块的好坏，其测试步骤见表 13-4，其他芯片的测试方法类似。

表 13-3　74LS08 逻辑功能测试表

1A	1B	1Y	2A	2B	2Y	3A	3B	3Y	4A	4B	4Y
0	0		0	0		0	0		0	0	
0	1		0	1		0	1		0	1	
1	0		1	0		1	0		1	0	
1	1		1	1		1	1		1	1	

第13章 数字电子技术基础

表13-4　74LS08逻辑功能测试

步骤	实物示意图	注　示
1		将74LS08插入面包板中
2		先给74LS08接上+5V电源线,连接导线选用粗细合适的单股铜芯线
3		将74LS08的1、2脚接逻辑电平输入开关,3脚接逻辑电平指示灯。输入信号,测出相应的输出逻辑电平
4		按照3步所示,测量剩余门电路,测试完毕,用镊子卸下74LS08,准备下一步

2）测试 74LS32 四 2 输入或门的逻辑功能，将结果记入表 13-5，并判断集成块的好坏。

表 13-5　74LS32 逻辑功能测试表

1A	1B	1Y	2A	2B	2Y	3A	3B	3Y	4A	4B	4Y
0	0		0	0		0	0		0	0	
0	1		0	1		0	1		0	1	
1	0		1	0		1	0		1	0	
1	1		1	1		1	1		1	1	

3）测试 74LS04 六非门的逻辑功能，将结果记入表 13-6，并判断集成块的好坏。

表 13-6　74LS04 逻辑功能测试表

1A	1Y	2A	2Y	3A	3Y	4A	4Y	5A	5Y	6A	6Y
0		0		0		0		0		0	
1		1		1		1		1		1	

4）测试 74LS00 四 2 输入与非门的逻辑功能，将结果记入表 13-7，并判断集成块的好坏。

表 13-7　74LS00 逻辑功能测试表

1A	1B	1Y	2A	2B	2Y	3A	3B	3Y	4A	4B	4Y
0	0		0	0		0	0		0	0	
0	1		0	1		0	1		0	1	
1	0		1	0		1	0		1	0	
1	1		1	1		1	1		1	1	

【注意事项】

1）集成块电源正、负极不能接错，否则会烧坏集成块。

2）在面包板上连接电路时，要确保导线、集成块与实验箱上插孔接触良好，以防止误判。

【自评互评】

姓名				互评人		
项目	考核要求		配分	评分标准	自评分	互评分
测试 74LS08	正确测试 74LS08 逻辑功能并判断其好坏		20	1. 逻辑功能测试错误，每处扣 2 分 2. 集成块好坏判断错误，每处扣 5 分 3. 损坏集成电路引脚，每处扣 5 分 4. 烧坏集成电路，每处扣 10 分		
测试 74LS32	正确测试 74LS32 逻辑功能并判断其好坏		20			
测试 74LS04	正确测试 74LS04 逻辑功能并判断其好坏		20			
测试 74LS00	正确测试 74LS00 逻辑功能并判断其好坏		20			
安全文明操作	工作台上工具摆放整齐，严格遵守安全操作规程符合"6S"管理要求		20	违反安全操作、工作台上脏乱、不符合"6S"管理要求，酌情扣 3~10 分		
合计			100			

学生交流改进总结：

教师签名：

【思考与讨论】
1）用与门、或门和非门组成与非门或或非门应该怎么接线？
2）集成块闲置的引脚对输出结果有影响吗？应该怎么处理？

思考与练习

13-1 十进制有_____个数码，基数是_____；二进制有_____个数码，基数是_____。

13-2 数字集成电路按制造工艺不同，可分为_____和_____两大类。

13-3 用二进制数表示十进制数的编码方法称为（　　）。
A. ABC 码　　　B. CAB 码　　　C. BCD 码　　　D. BAC 码

13-4 n 位二进制代码有（　　）个状态。
A. n　　　B. $2n$　　　C. $n/2$　　　D. 2^n

13-5 将下列二进制数转换为十进制数。
(1) $(100101)_2$　　(2) $(1100.11)_2$　　(3) $(1101.01)_2$　　(4) $(11101)_2$

13-6 将下列十进制数转换为二进制数。
(1) $(75)_{10}$　　(2) $(30)_{10}$　　(3) $(53)_{10}$　　(4) $(19)_{10}$

13-7 逻辑功能为输入有"0"时，输出就为"1"的门电路是（　　）。
A. 与门　　　B. 或门　　　C. 与非门　　　D. 或非门

13-8 能否将与非门、或非门当作反相器使用？如果可以，其他输入端应如何连接？

13-9 请上网查阅常用集成门电路的资料及相关信息。

第14章 组合逻辑电路与时序逻辑电路

 知识目标

1. 了解组合逻辑电路的种类，理解组合逻辑电路的分析方法和逻辑功能。
2. 了解编码器、译码器的基本功能及典型集成电路各引脚功能。
3. 了解半导体数码管的基本结构和工作原理。
4. 了解典型集成译码显示器的引脚功能。
5. 了解基本 RS 触发器及同步 RS 触发器的电路组成和逻辑功能。
6. 了解寄存器、计数器的基本功能、类型及典型集成电路各引脚功能。

 技能目标

1. 会搭接 RS 触发器电路。
2. 能根据集成电路逻辑功能表，正确使用编码器、译码器、显示器和计数器。

14.1 组合逻辑电路概述

 话题引入

数字逻辑电路由基本逻辑门按照要实现的逻辑功能拼装组合而成。根据数字电路逻辑功能的不同特点，可以将数字电路分成两大类，一类称为组合逻辑电路，另一类称为时序逻辑电路。

上一章我们学习了基本逻辑门，而在实际应用中，大多数电路都是由这些逻辑门组合而成，称为组合逻辑电路。

【组合逻辑电路的特点】 组合逻辑电路在逻辑功能上的共同特点是：任意时刻的输出仅取决于该时刻的输入，而与电路原来的状态无关。也就是说，组合逻辑电路不具有记忆功能，输出与输入信号作用前的电路状态无关。常见的组合逻辑电路有编码器和译码器。

【组合逻辑电路的分析】 就是通过分析给定的逻辑电路图，得出电路的逻辑功能，即求出逻辑函数式和真值表。分析步骤一般为：

① 根据逻辑电路，从输入到输出逐级推出输出逻辑函数式。
② 化简逻辑函数式，使逻辑关系简单明了。
③ 根据化简后的逻辑函数式写出真值表，分析电路的逻辑功能。

下面通过一个例子说明组合逻辑电路的分析方法。

[例 14-1] 试分析图 14-1 所示逻辑电路的逻辑功能。

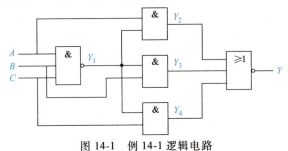

图 14-1　例 14-1 逻辑电路

解：(1) 根据逻辑电路图逐级写出电路逻辑函数式

$$Y_1 = \overline{ABC}$$

$$Y_2 = AY_1 = A \cdot \overline{ABC}$$

$$Y_3 = BY_1 = B \cdot \overline{ABC}$$

$$Y_4 = CY_1 = C \cdot \overline{ABC}$$

$$Y = \overline{Y_2 + Y_3 + Y_4} = \overline{A \cdot \overline{ABC} + B \cdot \overline{ABC} + C \cdot \overline{ABC}}$$

(2) 化简

$$Y = \overline{A \cdot \overline{ABC} + B \cdot \overline{ABC} + C \cdot \overline{ABC}}$$

$$= \overline{\overline{ABC} \cdot (A+B+C)}$$

$$= ABC + \overline{A}\ \overline{B}\ \overline{C}$$

根据化简后的表达式写出真值表，见表 14-1。

表 14-1　例 14-1 真值表

输入			输出
A	B	C	Y
0	0	0	1
0	0	1	0
0	1	0	0
0	1	1	0
1	0	0	0
1	0	1	0
1	1	0	0
1	1	1	1

通过分析真值表可以看出，该电路的逻辑功能：当输入 A、B、C 取不同值时，输出为 0；当输入 A、B、C 取相同值时，输出为 1。所以，该电路是一个三变量的"一致判别电路"。

【组合逻辑电路的设计】 组合逻辑电路的设计是根据给定的实际逻辑功能，设计出实现该功能的逻辑电路。组合逻辑电路设计步骤如下：

1）根据给出的条件，找出什么是逻辑变量，什么是逻辑函数，用字母设出，另外用0和1各表示一种状态，找出逻辑函数和逻辑变量之间的关系。

2）根据逻辑函数和逻辑变量之间的关系列出真值表，并根据真值表写出逻辑表达式。

3）化简逻辑函数。

4）根据最简逻辑表达式画出逻辑电路。

5）验证所作的逻辑电路是否能满足设计的要求（特别是有约束条件时要验证约束条件中的最小项对电路工作状态的影响）。

[例14-2] 用与非门设计一个交通报警控制电路。交通信号灯有红、绿、黄3种，3种灯分别单独工作或黄、绿灯同时工作时属正常情况，其他情况均属故障，出现故障时输出报警信号。

解：设红、绿、黄灯分别用 A、B、C 表示，灯亮时为正常工作，其值为1，灯灭时为故障现象，其值为0；输出报警信号用 F 表示，正常工作时 F 值为0，出现故障时 F 值为1。列出真值表见表14-2。

表 14-2 例 14-2 真值表

A	B	C	F
0	0	0	1
0	0	1	0
0	1	0	0
0	1	1	0
1	0	0	0
1	0	1	1
1	1	0	1
1	1	1	1

根据真值表，列出逻辑表达式

$$F = \overline{A}\,\overline{B}\,\overline{C} + A\overline{B}C + AB\overline{C} + ABC$$

对逻辑表达式进行化简

$$F = \overline{A}\,\overline{B}\,\overline{C} + ABC + AB\overline{C} + ABC + A\overline{B}C$$
$$= \overline{A}\,\overline{B}\,\overline{C} + AB(C+\overline{C}) + AC(B+\overline{B})$$
$$= \overline{A}\,\overline{B}\,\overline{C} + AB + AC$$
$$= \overline{\overline{\overline{A}\,\overline{B}\,\overline{C}} \cdot \overline{AB} \cdot \overline{AC}}$$

画出逻辑电路图如图 14-2a 所示。

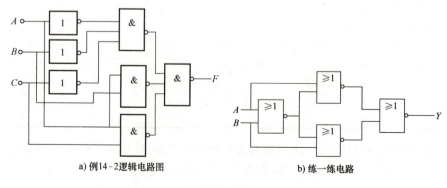

a) 例14-2逻辑电路图　　b) 练一练电路

图 14-2　电路

练一练

试分析图 14-2b 所示电路逻辑功能。

14.2 编码器

话题引入

图 14-3 所示为计算机键盘一角,你知道计算机是怎么知道你按下的是哪个键的吗?其实键盘上的每个键都有自己唯一的二进制代码,例如 Enter 键的代码是 0001101,Backspace 键的代码是 0001000,当你敲击键盘时,计算机实际上收到的就是这样一串二进制代码,根据代码的不同计算机就知道你按下的是哪个键了,而将键盘按键转换成二进制代码的工作就是由编码器完成的。

在数字电路中,所谓编码就是指用二进制代码表示十进制数或其他一些特殊信息,即将若干个 0 和 1 按一定规律编排在一起,组成不同代码,并给这些代码赋予特定含义。能实现编码功能的电路,称为<u>编码器</u>,下面以 74LS148 优先编码器为例介绍集成编码器的逻辑功能。

【引脚介绍】 8 线-3 线优先编码器 74LS148 的外形及引脚图如图 14-4 所示,图中 $\overline{I_0} \sim \overline{I_7}$ 是编码器的 8 个输入端,$\overline{A_2}$、$\overline{A_1}$、$\overline{A_0}$ 为三位编码输出端,$\overline{EI}$、$\overline{EO}$、$\overline{GS}$ 为附加控制端,V_{CC} 为电源正极,GND 为电源负极。

图 14-3 键盘一角

a) 外形

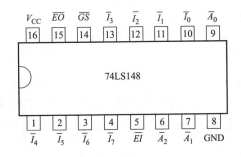

b) 引脚图

图 14-4 74LS148 优先编码器

【逻辑功能】 74LS148 优先编码器逻辑功能表见表 14-3。

表 14-3　74LS148 优先编码器逻辑功能表

输　　入										输　　出				
$\overline{EI}$	$\overline{I_0}$	$\overline{I_1}$	$\overline{I_2}$	$\overline{I_3}$	$\overline{I_4}$	$\overline{I_5}$	$\overline{I_6}$	$\overline{I_7}$		$\overline{A_2}$	$\overline{A_1}$	$\overline{A_0}$	$\overline{EO}$	$\overline{GS}$
1	×	×	×	×	×	×	×	×		1	1	1	1	1
0	1	1	1	1	1	1	1	1		1	1	1	0	1
0	×	×	×	×	×	×	×	0		0	0	0	1	0
0	×	×	×	×	×	×	0	1		0	0	1	1	0
0	×	×	×	×	×	0	1	1		0	1	0	1	0
0	×	×	×	×	0	1	1	1		0	1	1	1	0
0	×	×	×	0	1	1	1	1		1	0	0	1	0
0	×	×	0	1	1	1	1	1		1	0	1	1	0
0	×	0	1	1	1	1	1	1		1	1	0	1	0
0	0	1	1	1	1	1	1	1		1	1	1	1	0

1）$\overline{I_0}\sim\overline{I_7}$：编码器的 8 个输入端，均为低电平有效，下标号码越大优先级越高。如果 $\overline{I_7}=0$，不论其他输入端是否为低电平（表中用×表示），输出 $\overline{A_2}$、$\overline{A_1}$、$\overline{A_0}$ 只对 $\overline{I_7}$ 编码，即 $\overline{A_2}\overline{A_1}\overline{A_0}=000$。其他依此类推。

2）$\overline{A_2}\sim\overline{A_0}$：三位编码输出端，输出为对应的反码，例如当对 $\overline{I_6}=0$ 编码时，输出 $\overline{A_2}\overline{A_1}\overline{A_0}=001$，正好是 110 的反码。

3）$\overline{EI}$：选通输入端，低电平有效，当 $\overline{EI}=0$ 时，编码器正常工作，对输入信号进行编码；当 $\overline{EI}=1$ 时，编码器被封锁，所有输出端为高电平。

4）$\overline{EO}$：选通输出端，只有当所有的编码输入端都是高电平（即没有编码输入），且 $\overline{EI}=0$ 的情况下，$\overline{EO}$ 才为低电平，即 $\overline{EO}=0$；其他情况 $\overline{EO}$ 均为高电平。因此，$\overline{EO}$ 输出低电平信号表示"电路工作，但无编码输入"。

5）$\overline{GS}$：扩展输出端，只要任何一个编码输入端有低电平信号输入，且 $\overline{EI}=0$，$\overline{GS}$ 就为低电平，即 $\overline{GS}=0$。因此，$\overline{GS}$ 输出低电平信号表示"电路工作，而且有编码输入"。

>> **提示**　在数字电路中，一位二进制数只有 0、1 两个状态，可表示两种特定含义；两位二进制数有 00、01、10、11 四种状态，可表示四种特定含义；N 位二进制数有 2^N 个状态，可以表示 2^N 个特定含义。

想一想

一个班级有 48 名学生，若用二进制对每个学生编码，至少需要多少位二进制数码？

14.3 译码器

话题引入

生活中我们经常看到图 14-5 所示的万年历，你知道它是怎样显示时间和日期的吗？其实是译码器将万年历内部芯片产生的二进制时间、日期代码，转换成了适合数码管显示的高、低电平信号，从而驱动数码管发光，显示时间和日期。

图 14-5 万年历

译码是编码的逆过程，相当于对编码内容的"翻译"，能实现译码功能的电路称为**译码器**。在数字电路中译码器的逻辑功能是将每个输入的二进制代码转换成对应的输出高、低电平信号或另外一个代码。常用的译码器有二进制译码器和显示译码器。

14.3.1 二进制译码器

二进制译码器的输入是一组二进制代码，输出是一组与输入代码一一对应的高、低电平信号。下面以 3 线-8 线译码器 74LS138 为例介绍译码器逻辑功能。

a) 外形　　　　　　　　b) 引脚图

图 14-6 74LS138 译码器

【引脚介绍】 74LS138 译码器的外形及引脚图如图 14-6 所示。它是一个三位二进制译码器，具有 3 个输入端 A、B、C；8 个输出端 $\overline{Y}_0 \sim \overline{Y}_7$；三个片选使能端 G_1、$\overline{G}_{2A}$、$\overline{G}_{2B}$，只有当 $G_1 = 1$，且 $\overline{G}_{2A} + \overline{G}_{2B} = 0$ 时，译码器处于工作状态，否则，译码器被封锁，所有的输出端都为高电平；同时利用 G_1、$\overline{G}_{2A}$、$\overline{G}_{2B}$ 片选的作用，可以将多片 74LS138 连接起来，扩展译码器功能。

【逻辑功能】 表 14-4 所示为 74LS138 译码器的逻辑功能表。

14.3.2 显示译码器

在实际应用中，不仅需要译码，而且需要把译码的结果以人们熟悉的十进制数直观地显

表 14-4　74LS138 逻辑功能表

输入						输出							
G_1	$\overline{G}_{2A}$	$\overline{G}_{2B}$	A	B	C	$\overline{Y}_0$	$\overline{Y}_1$	$\overline{Y}_2$	$\overline{Y}_3$	$\overline{Y}_4$	$\overline{Y}_5$	$\overline{Y}_6$	$\overline{Y}_7$
0	×	×	×	×	×	1	1	1	1	1	1	1	1
×	1	×	×	×	×	1	1	1	1	1	1	1	1
×	×	1	×	×	×	1	1	1	1	1	1	1	1
1	0	0	0	0	0	0	1	1	1	1	1	1	1
1	0	0	0	0	1	1	0	1	1	1	1	1	1
1	0	0	0	1	0	1	1	0	1	1	1	1	1
1	0	0	0	1	1	1	1	1	0	1	1	1	1
1	0	0	1	0	0	1	1	1	1	0	1	1	1
1	0	0	1	0	1	1	1	1	1	1	0	1	1
1	0	0	1	1	0	1	1	1	1	1	1	0	1
1	0	0	1	1	1	1	1	1	1	1	1	1	0

示出来，所以在数字系统中还需要显示器件及显示译码器。

1．显示器件

目前广泛使用的显示器件是七段字符显示器，或称七段数码管，外形如图 14-7a 所示，共有 10 根引脚，其中 8 根为字段引脚，另外两根（3、8 引脚）为公共端。

如图 14-7b 所示，七段数码管由 a、b、c、d、e、f、g 七段可发光的二极管拼合构成，因而也将它称为 LED 数码管或 LED 七段显示器。根据需要，通过控制各段的亮或灭，就可以显示不同的字符或数字，如图 14-7c 所示。

a) 外形　　b) 结构　　c) 字形

图 14-7　七段数码管

根据发光二极管在数码管内部的连接形式不同，可分为共阴极和共阳极两种。如图 14-8a 所示，将发光二极管的阴极连在一起连接到电源负极，而各段发光二极管的正极通过引脚引出的，称为共阴极数码管，此时阳极接高电平的二极管发光，若显示数字"5"，a、c、d、f、g 端接高电平，b、e 端接低电平；如图 14-8b 所示，将发光二极管的阳极连在一起连接到电源正极，而各段发光二极管的负极通过引脚引出的，称为共阳极数码管，此时阴极接低电平的二极管发光，若显示数字"5"，a、c、d、f、g 端接低电平，b、e 端接高电平。

第 14 章　组合逻辑电路和时序逻辑电路

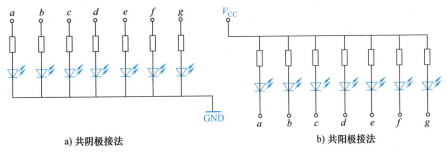

a) 共阴极接法　　　　　　　　　　　b) 共阳极接法

图 14-8　七段数码管共阴极、共阳极电路接法

 想一想

生活中都有哪些地方用到数码管，除了数码管，你还见到过哪些显示器件？

2. 七段显示译码器

七段显示译码器能把输入的 8421BCD 码转换成数码管的七个字段所需要的驱动信号，驱动数码管相应字段发光，显示出 8421BCD 码所表示的十进制数字。显示译码器集成产品较多，下面以 74LS48 七段显示译码器为例，介绍集成七段译码器的功能。

【引脚介绍】　七段显示译码器 74LS48 的外形及引脚图如图 14-9 所示，图中 D、C、B、A 为译码器输入端，a、b、c、d、e、f、g 为译码器输出端，$\overline{LT}$ 为测试端，$\overline{BI/RBO}$ 为灭灯输入/灭零输出端，$\overline{RBI}$ 为灭零输入端。

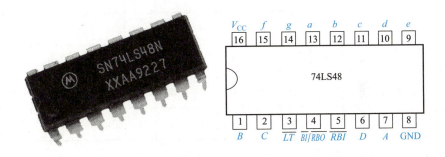

a) 外形　　　　　　　　　　　　　　b) 引脚图

图 14-9　74LS48 七段显示译码器

【逻辑功能】　表 14-5 为七段显示译码器 74LS48 的逻辑功能表。

表 14-5　74LS48 逻辑功能表

十进制数	输入						输出							显示字形
	$\overline{LT}$	$\overline{RBI}$	$\overline{BI/RBO}$	D	C	B	A	a	b	c	d	e	f	g	
0	1	1	1	0	0	0	0	1	1	1	1	1	1	0	0
1	1	×	1	0	0	0	1	0	1	1	0	0	0	0	1

（续）

十进制数	输入							输出							显示字形
	$\overline{LT}$	$\overline{RBI}$	$\overline{BI}/\overline{RBO}$	D	C	B	A	a	b	c	d	e	f	g	
2	1	×	1	0	0	1	0	1	1	0	1	1	0	1	己
3	1	×	1	0	0	1	1	1	1	1	1	0	0	1	3
4	1	×	1	0	1	0	0	0	1	1	0	0	1	1	4
5	1	×	1	0	1	0	1	1	0	1	1	0	1	1	5
6	1	×	1	0	1	1	0	0	0	1	1	1	1	1	6
7	1	×	1	0	1	1	1	1	1	1	0	0	0	0	7
8	1	×	1	1	0	0	0	1	1	1	1	1	1	1	8
9	1	×	1	1	0	0	1	1	1	1	0	0	1	1	9
10	1	×	1	1	0	1	0	0	0	0	1	1	0	1	c
11	1	×	1	1	0	1	1	0	0	1	1	0	0	1	⊃
12	1	×	1	1	1	0	0	0	1	0	0	0	1	1	∪
13	1	×	1	1	1	0	1	1	0	0	1	0	1	1	∈
14	1	×	1	1	1	1	0	0	0	0	1	1	1	1	t
15	1	×	1	1	1	1	1	0	0	0	0	0	0	0	全暗
灭灯	×	×	0	×	×	×	×	0	0	0	0	0	0	0	全暗
灭零	1	0	0	0	0	0	0	0	0	0	0	0	0	0	全暗
试灯	0	×	1	×	×	×	×	1	1	1	1	1	1	1	8

1）译码器输入端 D、C、B、A：输入预显示十进制数字的 8421BCD 码。译码器输出端 a~g 输出高低电平，控制数码管各段的亮和灭，显示出输入 8421BCD 码相应的十进制数字。

2）测试端 $\overline{LT}$：当 $\overline{LT}=0$，且 $\overline{BI}/\overline{RBO}=1$ 时，无论输入任何数据，输出端 a~g 全部为 1，数码管的七段全亮，显示"日"字，可以用来检查数码管的各段能否正常发光，平时应置 $\overline{LT}$ 为高电平。

3）灭零输入端 $\overline{RBI}$：当 $\overline{RBI}=0$、$\overline{LT}=1$，且输入 DCBA 为 0000 时，输出端 a~g 全部为 0，数码管不显示任何数字，而当输入其他数码时，数码管照常显示，实现灭零作用，因此 $\overline{RBI}$ 的作用是把不希望显示的零熄灭。

4）灭灯输入/灭零输出端 $\overline{BI}/\overline{RBO}$：这是一个双功能的输入/输出端，当作为输入端使用时，称为灭灯输入端 $\overline{BI}$，只要 $\overline{BI}=0$，无论输入 DCBA 为什么状态，数码管各段同时熄灭，不显示任何数字。当 $\overline{BI}/\overline{RBO}$ 作为输出端使用时，称为灭零输出端 $\overline{RBO}$，若 $\overline{RBI}=0$、$\overline{LT}=1$，且输入 DCBA 为 0000 时，$\overline{RBO}$ 输出 0，因此 $\overline{RBO}=0$ 表示译码器已将本来应该显示的零熄灭了。

14.4 触发器

话题引入

在各种复杂的数字电路中，不但需要对二值信号进行算术运算和逻辑运算，还经常需要将这些信号和运算结果保存起来。为此，需要使用具有记忆功能的基本逻辑单元。能够存储 1 位二值信号的基本单元电路统称为触发器。

14.4.1 基本 RS 触发器

基本 RS 触发器又称 RS 锁存器，它是构成各种触发器的最简单的基本单元。

【电路结构】 如图 14-10a 所示，将两个与非门的输入、输出端交叉连接，就组成一个基本 RS 触发器。其中 $\overline{R}_D$、$\overline{S}_D$ 为触发器的两个输入端，Q 和 $\overline{Q}$ 是两个输出端，这两个输出端始终是互补状态，即一端为 1，则另一端必为 0。通常规定 Q 端的状态为触发器的状态，即当 $Q=1$，$\overline{Q}=0$ 时，称触发器处于 1 态；当 $Q=0$，$\overline{Q}=1$ 时，称触发器处于 0 态。

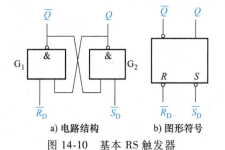

a) 电路结构　　b) 图形符号

图 14-10　基本 RS 触发器

图 14-10b 所示为基本 RS 触发器的图形符号。

【逻辑功能】 表 14-6 为基本 RS 触发器的逻辑功能表。

表 14-6　基本 RS 触发器逻辑功能表

输	入	输	出
$\overline{R}_D$	$\overline{S}_D$	Q^{n+1}	说明
0	0	×	不定态
0	1	0	置 0
1	0	1	置 1
1	1	Q^n	保持原态

◆ 当 $\overline{S}_D=0$、$\overline{R}_D=1$ 时，无论 Q^n 为何值，$Q^{n+1}=1$，实现置 1 功能，因此 $\overline{S}_D$ 也称为置位端或置 1 输入端。式中 Q^n 表示触发器现在的状态，称为现态；Q^{n+1} 表示触发信号输入后的状态，称为次态。

- 当 $\overline{S}_D = 1$、$\overline{R}_D = 0$ 时，无论 Q^n 为何值，$Q^{n+1} = 0$，实现置 0 功能，因此 $\overline{R}_D$ 也称为复位端或清零输入端。

- 当 $\overline{S}_D = 1$、$\overline{R}_D = 1$ 时，$Q^{n+1} = Q^n$，触发器输出保持原来的状态不变，相当于把某一时刻的电平信号存储起来了，这就是它具有的记忆功能。

- 当 $\overline{S}_D = 0$、$\overline{R}_D = 0$ 时，两个与非门输出都为"1"，达不到 Q 与 $\overline{Q}$ 状态反相的逻辑要求，并且当两个输入信号负脉冲同时撤去（回到 1）后，触发器次态将不能确定是 1 还是 0 状态，因此，触发器正常工作时，不允许出现 $\overline{S}_D$ 和 $\overline{R}_D$ 同时为 0 的情况，这是基本 RS 触发器的约束条件。

14.4.2 同步 RS 触发器

对于基本 RS 触发器，只要输入信号发生变化，触发器的状态就会立即发生变化。在一个数字系统中，通常采用多个触发器，为了使系统协调工作，必须由一个同步信号控制。要求各触发器只有在同步信号到来时，才能根据输入信号改变输出信号的状态，而且一个同步信号只能使触发器的状态改变一次。该同步信号称为时钟信号，记作 CP 信号。

【电路结构】 如图 14-11a 所示，同步 RS 触发器是在基本 RS 触发器的基础上，增加了控制门 G_3、G_4 和一个时钟信号 CP 构成的。

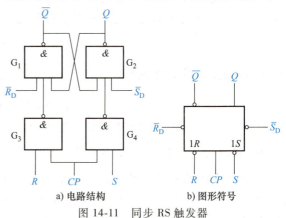

图 14-11 同步 RS 触发器

a) 电路结构　　b) 图形符号

图 14-11b 所示为同步 RS 触发器的图形符号。

【逻辑功能】 表 14-7 为同步 RS 触发器的逻辑功能表。

表 14-7 同步 RS 触发器逻辑功能表

输入			输出	
CP	R	S	Q^{n+1}	说明
0	×	×	Q^n	保持原态
1	0	0	Q^n	保持原态
1	0	1	1	置 1
1	1	0	0	置 0
1	1	1	×	不定态

- 当 $CP = 0$ 时，无论 R、S 为何值，控制门 G_3、G_4 被封锁，输出始终停留在 1 状态，S、R 端的信号无法通过控制门 G_3、G_4 影响输出状态，故触发器输出保持原来的状态不变，$Q^{n+1} = Q^n$。

- 当 $CP = 1$ 时，控制门 G_3、G_4 解除封锁，触发器的次态 Q^{n+1} 取决于输入信号 R、S 及电路的现态 Q^n，与基本 RS 触发器相似。

◆ 当 $R=1$、$S=1$ 时，触发器次态将不能确定，为避免出现这种情况，电路正常工作时，应满足约束条件 $RS=0$。

另外，输入端 $\overline{R}_D$ 和 $\overline{S}_D$ 为直接复位端和直接置位端。取 $\overline{R}_D=0$，$\overline{S}_D=1$，则 $Q=0$，$\overline{Q}=1$，触发器直接清零；取 $\overline{R}_D=1$，$\overline{S}_D=0$，则 $Q=1$，$\overline{Q}=0$，触发器直接置 1。它不受脉冲信号 CP 的控制，因此 $\overline{R}_D$ 和 $\overline{S}_D$ 端又称为异步清零端和异步置 1 端。$\overline{R}_D=\overline{S}_D=1$ 时，触发器正常工作。

想一想

触发器与门电路的区别是什么？

14.5 寄存器

话题引入

组合逻辑电路没有记忆功能。但实际应用中，往往需要电路能够综合这一时刻的输入信号和此前电路的输出状态进行判断，即具有记忆功能。本节我们就来讨论这种有记忆功能的电路——时序逻辑电路。在计算机系统中，寄存器和计数器都是这种电路。

14.5.1 时序逻辑电路概述

时序逻辑电路简称为时序电路，这类逻辑电路在任何时刻的输出状态不仅取决于当时的输入信号，还与电路的原状态有关，或者说，与以前的输出状态有关，触发器就是最简单的时序逻辑电路。

时序逻辑电路的基本结构如图 14-12 所示，它由组合逻辑电路和存储电路两部分组成，而且存储电路是必不可少的。图中的 X 代表输入信号，Z 代表输出信号，D 代表存储电路输入信号，Q 代表存储电路输出信号，存储电路的输出状态反馈到组合逻辑电路的输入端，与输入信号一起，共同决定组合逻辑电路的输出。

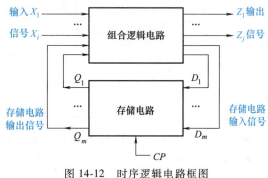

图 14-12　时序逻辑电路框图

14.5.2 移位寄存器

具有暂时存储二进制数据功能的时序逻辑电路称为寄存器（或锁存器），寄存器是一种重要的数字逻辑部件，常用于接收、暂存、传送数码指令等信息，按功能可分为数码寄存器和移位寄存器。

数码寄存器是最简单的存储器,只有接收、暂存数码和清除原有数码的功能。许多的数码寄存器组合起来构成大规模集成电路,即为静态存储器(RAM),在许多电子产品甚至计算机中都能找到。

移位寄存器除了有清除、接收、存储数据的功能外,还可以在移位脉冲的作用下,将寄存器中的数据依次向左或向右移位。

移位寄存器可分为单向移位寄存器和双向移位寄存器。下面以74LS194双向4位移位寄存器为例,介绍移位寄存器的功能。

【引脚介绍】 图14-13所示为74LS194双向4位移位寄存器外形与引脚图,图中D_0、D_1、D_2、D_3为数据并行输入端;Q_0、Q_1、Q_2、Q_3为数据并行输出端;S_1、S_0为工作方式控制端;D_{SR}为数据右移串行输入端;D_{SL}为数据左移串行输入端;$\overline{MR}$为异步清零端,寄存器工作时为高电平;CLK为脉冲输入端。

a) 外形

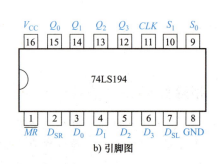
b) 引脚图

图14-13 74LS194双向4位移位寄存器

【逻辑功能】 表14-8为74LS194双向4位移位寄存器逻辑功能表。

表14-8 74LS194双向4位移位寄存器逻辑功能表

输入				逻辑功能
CLK	$\overline{MR}$	S_1	S_0	
×	0	×	×	清0,$Q_3Q_2Q_1Q_0=0000$
×	1	0	0	保持,$Q_3Q_2Q_1Q_0$状态不变
↑	1	0	1	右移,$D_{SR}\to Q_3,Q_3\to Q_2,Q_2\to Q_1,Q_1\to Q_0$
↑	1	1	0	左移,$D_{SL}\to Q_0,Q_0\to Q_1,Q_1\to Q_2,Q_2\to Q_3$
↑	1	1	1	并行输入,$Q_0=D_0,Q_1=D_1,Q_2=D_2,Q_3=D_3$

◆ 当$S_1S_0=00$时,无论有无CLK到来,寄存器保持原态不变。

◆ 当$S_1S_0=01$时,在CLK上升沿的作用下,实现右移(上移)功能,数据从D_{SR}端串行输入寄存器,流向是$D_{SR}\to Q_3\to Q_2\to Q_1\to Q_0$。

◆ 当$S_1S_0=10$时,在CLK上升沿的作用下,实现左移(下移)功能,数据从D_{SL}端串行输入寄存器,流向是$D_{SL}\to Q_0\to Q_1\to Q_2\to Q_3$。

◆ 当$S_1S_0=11$时,在CLK上升沿的作用下,实现并行输入功能,数据从$D_0D_1D_2D_3$端并行输入寄存器,即$Q_3Q_2Q_1Q_0=D_3D_2D_1D_0$。

14.6 计数器

话题引入

统计输入脉冲个数的功能称为计数，能实现计数操作的电路称为计数器。计数器在数字电路中有广泛的应用，不仅能用于计数，还可用于定时、分频和程序控制等。

计数器种类很多，按计数脉冲的作用方式不同，可分为同步计数器和异步计数器；按计数进位制的不同，可分为二进制计数器和十进制计数器及 N 进制计数器；按计数器的功能不同，可分为加法计数器、减法计数器和可逆计数器。其中二进制计数器是各种计数器的基础。十进制计数器是最典型的计数器。下面以常见典型集成计数器 74LS161 为例介绍计数器的功能。

【引脚介绍】 74LS161 二进制同步加法计数器的外形与引脚图如图 14-14 所示。图中 $Q_3 \sim Q_0$ 为计数器的并行输出端，Q_{CC} 为进位输出端，CLK 是计数脉冲输入端，$\overline{CR}$ 为清零端，$\overline{LD}$ 为置数端，$D_3 \sim D_0$ 为并行数据输入端，EP 和 ET 为计数控制端。

a) 外形　　b) 引脚图

图 14-14　计数器 74LS161

【逻辑功能】 74LS161 计数器的逻辑功能表见表 14-9，简述如下：

表 14-9　74LS161 逻辑功能表

输入								逻辑功能
CLK	$\overline{CR}$	$\overline{LD}$	ET	EP	D_3	D_2	D_1	D_0	
×	0	×	×	×	×	×	×	×	置 0：$Q_3Q_2Q_1Q_0 = 0000$
↑	1	0	×	×	D_3	D_2	D_1	D_0	预置数：$Q_3Q_2Q_1Q_0 = D_3D_2D_1D_0$
↑	1	1	1	1	×	×	×	×	计数
×	1	1	0	×	×	×	×	×	保持
×	1	1	×	0	×	×	×	×	保持

1）异步清零功能：当 $\overline{CR} = 0$ 时，无论有无时钟脉冲信号 CLK 和其他输入信号，计数器被清零，即 $Q_3Q_2Q_1Q_0 = 0000$。

2）同步并行置数功能：$\overline{CR} = 1$、$\overline{LD} = 0$ 时，在输入时钟脉冲 CLK 上升沿到来时，并行输入端的数据 $D_3 \sim D_0$ 被置入计数器，即 $Q_3Q_2Q_1Q_0 = D_3D_2D_1D_0$。

3）计数功能：当 $EP = ET = 1$ 且 $\overline{LD} = \overline{CR} = 1$ 时，对 CLK 端输入脉冲信号进行二进制加法计数。当输入到第 15 个脉冲后，$Q_3Q_2Q_1Q_0 = 1111$，进位输出端产生一个进位信号 $Q_{CC} = 1$，当计数脉冲大于 16 时，需要两块 74LS161 级联。

4）保持功能：当 EP、ET 任意端为 0，且 $\overline{LD} = \overline{CR} = 1$ 时，无论有无 CLK 脉冲，计数器状态均保持不变。

> **提示** 计数器同寄存器一样，主要组成部分都是触发器，一个触发器有两种状态，可以计两个数。n 个触发器组成的计数器就可以计 2^n 个数。

> **想一想**
> 一个触发器可计两个数，那么能计 100 个数的计数器至少需要多少个触发器？

* 14.7　555 定时电路

> **话题引入**
> 555 定时器（即集成时基电路）是一种中规模数字-模拟混合集成电路，由于内部使用了 3 个 5kΩ 电阻，故取名 555 定时器。因其使用灵活、方便，被广泛应用于信号的产生与变换、控制与检测、家用电器以及电子玩具等领域。只要外围电路稍作配置，即可构成单稳态触发器、多谐振荡器或施密特触发器。

【外形与引脚排列】 常见 555 定时器外形图与引脚图见图 14-15，其中 TH 为高电平触发端，简称高触发端，又称阈值端；$\overline{TR}$ 为低电平触发端，简称低触发端；V_{CO} 为控制电压端；V_O 为输出端；DIS 为放电端；$\overline{R}_D$ 是复位端（4 脚），当 $\overline{R}_D = 0$ 时，555 输出低电平，平时 $\overline{R}_D$ 端开路或接 V_{CC}。

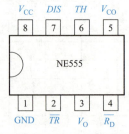

a) 外形　　　　　　　　b) 引脚图

图 14-15　555 定时器

【逻辑功能】 555 定时器的逻辑功能表见表 14-10。

表 14-10 555 定时器逻辑功能表

输入			输出	
$\overline{R}_D$	TH	$\overline{TR}$	V_O	DIS
L	×	×	L	导通
H	$<\frac{2}{3}V_{CC}$	$<\frac{1}{3}V_{CC}$	H	截止
H	$<\frac{2}{3}V_{CC}$	$>\frac{1}{3}V_{CC}$	不变	不变
H	$>\frac{2}{3}V_{CC}$	$\frac{1}{3}V_{CC}$	L	导通

555 定时器有两个阈值电平，分别是 $\frac{1}{3}V_{CC}$ 和 $\frac{2}{3}V_{CC}$。输出端 3 脚和放电端 7 脚的状态一致。

* 技 能 训 练

技能训练项目 14-1　八路声光报警电路的安装与调试

【实训目标】
1）学会较复杂电子电路的制作方法。
2）了解常见集成电路的应用。

【实训器材】 直流稳压电源、万用表、电烙铁、烙铁架、焊锡丝、万能实验板、导线、斜口钳及表 14-11 所示的元器件等。

表 14-11　元器件明细表

代号	名称	规格型号	数量
IC_1	优先编码器	CD4532	1
IC_2	七段译码器	CD4511	1
IC_3	时基电路	NE555	1
IC_4	六反相器	CD4069	1
$R_1 \sim R_8$	电阻器	RT1-0.125W-b-10kΩ±5%	8
$R_9 \sim R_{15}$	电阻器	RT1-0.125W-b-510Ω±5%	7
R_{16}	电阻器	RT1-0.125W-b-1kΩ±5%	1
$R_{17}、R_{19}、R_{22}$	电阻器	RT1-0.125W-b-10kΩ±5%	3
R_{18}	电阻器	RT1-0.125W-b-1MΩ±5%	1
$R_{20}、R_{23}$	电阻器	RT1-0.125W-b-100kΩ±5%	2
$R_{21}、R_{24}$	电阻器	RT1-0.125W-b-51kΩ±5%	2
R_{25}	电阻器	RT1-0.125W-b-4.7kΩ±5%	1
$VT_1、VT_2$	晶体管	9013	2
$VD_1、VD_2$	二极管	1N4148	2
DS_1	数码管	C501SR	1
C_1	电解电容器	CD11-16V-47μF	1
$C_2、C_3$	涤纶电容器	CL11-63V-0.01μF	2
C_4	电解电容器	CD11-25V-1μF	1
BL	扬声器		1

【实训电路】 八路声光报警电路如图 14-16 所示。图中 8 位优先编码器 CD4532 将输入

的 $D_0 \sim D_7$ 八路开关量（即 $S_0 \sim S_7$）译成 3 位 BCD 码，由 $Q_0Q_1Q_2$ 输出，经 BCD 锁存/七段译码/驱动器 CD4511 译码，驱动共阴极数码管显示警报路号 0~7。八路输入开关中的任一路开路，显示器即可显示该路号，发出数码光报警；同时优先编码器 CD4532 的 GS 端输出高电平，使晶体管 VT_1 饱和导通，启动声报警电路工作。当两路以上开路时，优先编码器 CD4532 就优先显示数值最大的路号。

声报警电路由时基电路 NE555 和六反相器 CD4069 组成，NE555 和 R_{17}、R_{18} 和 C_1 构成多谐振荡器，555 电路的 3 脚输出周期为 60s（即高电平 30s，低电平 30s）的方波。3 脚输出低电平期间，CD4069 中的 G_1、G_2 和 R_{20}、R_{21}、C_3 构成的低频多谐振荡器停振；3 脚输出高电平期间，低频多谐振荡器工作，当低频多谐振荡器输出为高电平期间由 G_4、G_5 和 R_{23}、R_{24}、C_4 构成的高频多谐振荡器工作，输出信号由 VT_2 缓冲放大后，推动扬声器，发出类似寻呼机应答声的报警声。

【实训内容及步骤】

1）按照图 14-16 所示实训电路，在万能实验板上完成八路声光报警电路的安装与焊接。安装焊接完毕的八路声光报警电路的正面及背面如图 14-17 所示。电路板的正面，由于该电路布线复杂，需要在安装面设置相应跳线才能布通。

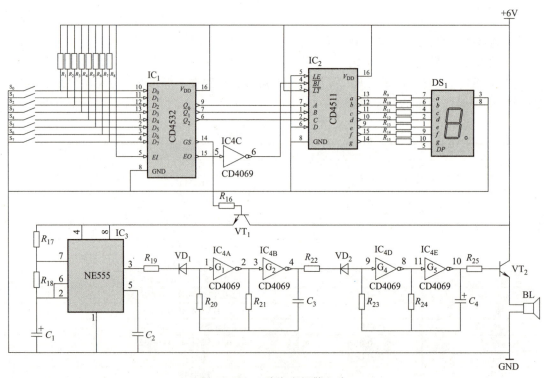

图 14-16 八路声光报警电路

2）检查无误后，加电测试。若开关 $S_0 \sim S_7$ 闭合，应无声、光报警，数码管不亮；若其中有一个开关断开（如 S_0），则应见数码管显示"0"，同时听到 30s 声报警，停 30s，再声报警 30s，再停 30s，依此循环，如图 14-18a 所示；若同时有几个开关断开（如 $S_0 \sim S_4$），则数码管应显示最大路号 4，同时声报警，如图 14-18b 所示。

a) 正面

b) 背面

图 14-17　八路声光报警电路实物展示图

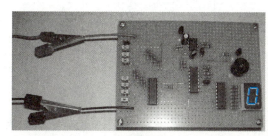
a) S_0 断开时

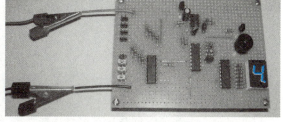
b) $S_0 \sim S_4$ 都断开时

图 14-18　八路声光报警电路结果显示

【注意事项】

1) 电阻、二极管全部卧装，紧贴实验板，电阻色环顺序自左至右或从上到下。
2) 集成块切忌装反，且焊接后不必剪引脚。
3) 晶体管三引脚分开，均匀插入焊接孔，脚长宜留下 5~7mm。
4) 电解电容、涤纶电容尽量贴近实验板安装。

【自评与互评】

姓名				互评人			
项目	考核要求		配分	评分标准		自评分	互评分
元器件的识别与检测	正确识别与检测元器件		10	识别、检测错误一处，扣 1 分			
安装电路	1. 元器件安装规范 2. 电路装配整齐、美观		20	1. 错装、漏装、歪斜，每处扣 1 分 2. 电路装配不整齐、不美观，扣 1~8 分			
焊接电路	1. 焊点光亮、大小适中 2. 无虚焊、漏焊、连焊和毛刺		20	不符合要求，每处扣 1 分			
声报警功能	$S_0 \sim S_7$ 有关断，发出声报警		15	功能不能实现，扣 15 分			
光报警功能	$S_0 \sim S_7$ 有关断，发出光报警		15	功能不能实现，扣 15 分			
优先报警功能	$S_0 \sim S_7$ 有多个关断，按优先级顺序发出报警		10	功能不能实现，扣 10 分			
安全文明操作	工作台上工具摆放整齐，严格遵守安全操作规程，符合"6S"管理要求		10	违反安全操作、工作台上脏乱、不符合"6S"管理要求，酌情扣 3~10 分			
合计			100				

学生交流改进总结：

教师签名：

【思考与讨论】

1）安装面元器件的布局对电路电气布线有何影响？
2）在电路板布线过程中，有什么技巧吗？
3）自己动手设置故障点，观察故障现象，试分析故障原因。

思考与练习

14-1 与组合逻辑电路不同，时序逻辑电路的特点是：任何时刻的输出信号不仅与_____有关，还与_____有关，是_____（a. 有记忆性 b. 无记忆性）逻辑电路。

14-2 若在编码器中有 50 个编码对象，则要求输出二进制代码位数为_____位。

A. 5　　　　B. 6　　　　C. 10　　　　D. 50

14-3 $Q=1$，$\overline{Q}=0$，称为触发器的（　　）。

A. 1 态　　　B. 0 态　　　C. 稳态　　　D. 暂稳态

14-4 _____电路具有记忆功能。

A. 与门　　　B. 或门　　　C. 非　　　D. 时序

14-5 触发器的外加输入信号终止后，稳态仍能保持下去。_____（√、×）

14-6 基本 RS 触发器的约束条件是 $\overline{R}\overline{S}=1$。_____（√、×）

14-7 优先编码器的编码信号是相互排斥的，不允许多个编码信号同时有效。_____（√、×）

14-8 共阴极接法发光二极管数码显示器需选用有效输出为高电平的七段显示译码器来驱动。_____（√、×）

14-9 写出图 14-19a、b 所示逻辑电路的逻辑函数式。

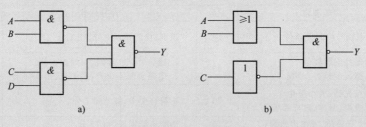

图 14-19　题 14-9 图

14-10 请上网查阅常用编码器、译码器、寄存器、计数器的资料及相关信息。

第15章 数-模和模-数转换器

 知识目标

1. 理解数-模和模-数转换的基本概念。
2. 熟悉数-模和模-数转换的工作原理。
3. 熟悉数-模和模-数转换的特点。
4. 了解数-模和模-数转换的主要技术指标。
5. 了解典型数-模和模-数转换集成电路的引脚和功能。

 技能目标

1. 能根据要求合理选择数-模和模-数转换器。
2. 会搭接集成数-模和模-数转换的典型应用电路。

15.1 数-模转换器（DAC）

 话题引入

在现代化的车间，计算机控制技术无处不在。因此也有很多需要将计算机的指令传达给执行机构来完成相应控制的场合，而这些执行机构通常是一些由模拟量控制的阀门、开关等，那么如何将计算机的指令及数字量转化为用于控制的模拟量呢？我们可以用数-模转换器（DAC）来实现。

15.1.1 DAC 的基本概念及转换特性

1. DAC 的基本概念

能将数字量转换成模拟量的器件就是数-模转换器。如果把数字量用字母 D 来表示，模拟量用字母 A 来表示，转换器用字母 C 来表示，数-模转换器就可以简称 DAC。

构成数字代码的每一位都有一定的"权重"，因此，为了将数字量转换成模拟量，就必须将每一位代码按其"权重"转换成相应的模拟量，然后再将代表各位的模拟量相加，即可得到与该数字量成正比的模拟量，这就是构成 DAC 的基本思想。

2. DAC 的基本组成和分类

DAC 通常是由参考电压、译码电路和电子开关三个基本部分组成。

按解码网络结构的不同，DAC 可分为 T 形电阻网络、倒 T 形电阻网络、权电阻网络等。按模拟电子开关电路的不同，DAC 又可分为 CMOS 开关型和双极型开关型。

3．DAC 的功能

DAC 通常由数码寄存器、模拟电子开关电路、解码电阻网络、求和放大电路及参考电压几部分组成，如图 15-1 所示。

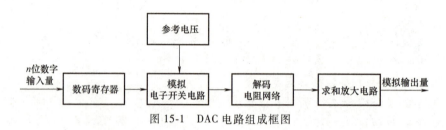

图 15-1　DAC 电路组成框图

4．DAC 的主要技术指标

【分辨率】　分辨率指转换器理论上可以达到的精度，是最小输出电压与满刻度输出电压的比值。最小输出电压是指输入数字量只有最低有效位为 1 时的输出电压，最大输出电压是指输入数字量各位全为 1 时的输出的电压。因此，DAC 的分辨率可表示为

$$\text{分辨率} = \frac{1}{2^n - 1} \tag{15-1}$$

式中，n 为 DAC 的位数。如 10 位 DAC 的分辨率为：$1/(2^{10}-1) \approx 0.001$，即约千分之一。

也可以用二进制的位数表示，如：8 位、10 位、12 位等。

【转换误差】　转换误差指 DAC 实际能达到的转换精度。由于参考电压 V_{REF} 的波动、运放的零点漂移、线路上的导通电阻和导通压降、电阻网络的阻值误差，实际的精度要低于分辨率。转换误差可以用它相对于满刻度输出值的百分比表示：

$$\text{转换误差} = \frac{\text{误差值}}{\text{满刻度输出值}} \times 100\% \tag{15-2}$$

误差值 = 输入满刻度时的输出 − 理论满刻度值

【线性度】　理想的 DAC，输出电压与输入数字信号之间有严格的线性关系，当输入数字信号增加时，其输出的模拟电压也作等量增加。但实际情况中，输出值同理想值之间往往会有偏差，若实际值与理想值之差为 ε，输入数码最低位发生变化时所引起的输出模拟量的变化（理想值）为 Δ，则线性度以 ε/Δ 表示。

【建立时间】　在输入变化后，从输出值变化到最终有稳定的输出值所需的时间，称为建立时间，建立时间反映了 DAC 的转换速度。

15.1.2　DAC 的工作原理

1．权电阻网络 DAC

4 位权电阻网络 DAC 电路结构如图 15-2 所示。V_{REF} 是参考电压，存在于数字寄存器中的数码作为输入数字量 $D_3 D_2 D_1 D_0$，分别控制 4 个模拟电子开关 S_3、S_2、S_1、S_0。例如，当 $D_3 = 0$ 时，电子开关 S_3 投掷向右边，使电阻接地；$D_3 = 1$ 时，电子开关 S_3 投掷向左边，使 R

与 V_{REF} 接通。4 个电阻称为权电阻。权电阻的阻值大小与该位的权值成反比,如 D_2 位的权值是 D_1 的两倍,而所对应的权电阻值却是 D_1 的 1/2。

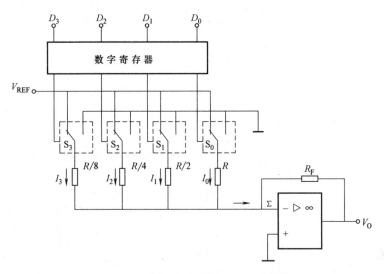

图 15-2　4 位权电阻网络 DAC 电路结构

根据反相比例运算公式可知

$$\frac{V_O}{R_F} = -(I_3 + I_2 + I_1 + I_0) \tag{15-3}$$

可得

$$V_O = -\frac{V_{REF} \times R_F}{R}(2^3 \times D_3 + 2^2 \times D_2 + 2^1 \times D_1 + 2^0 \times D_0) \tag{15-4}$$

显然,输出模拟电压的大小与输入二进制数的大小成正比,从而实现了模拟量到数字量的转换。

权电阻网络 DAC 的精度取决于参考电压 V_{REF} 以及模拟电子开关、运算放大器和各权电阻值的精度。它的缺点是各权电阻的阻值都不相同,当位数多时,其阻值相差甚远,这给保证精度带来很大的困难,特别是对于集成电路的制作很不利,因此在集成 DAC 中很少单独使用该电路。

2. R-2R 倒 T 形电阻网络 DAC

4 位 R-2R 倒 T 形电阻网络 DAC 电路结构如图 15-3 所示。V_{REF} 是参考电压,输入数字量 D_3、D_2、D_1、D_0 分别控制 4 个模拟电子开关 S_3、S_2、S_1、S_0。

由图 15-3 可见电阻网络中电阻类型少,只有 R 和 2R 两种,电路构成比较方便,从而克服了权电阻阻值多且阻值差别大的缺点。由电路结构可得,D、C、B、A 四点电位逐位减半,即

$$V_D = V_{REF}$$
$$V_C = V_{REF}/2$$
$$V_B = V_{REF}/4$$
$$V_A = V_{REF}/8$$

因此，I_3、I_2、I_1、I_0 也逐位减半，可得

$$I_\Sigma = I_3 + I_2 + I_1 + I_0$$

$$= \frac{V_{REF}}{2R} \times D_3 + \frac{V_{REF}/2}{2R} \times D_2 + \frac{V_{REF}/4}{2R} \times D_1 + \frac{V_{REF}/8}{2R} \times D_0$$

$$= \frac{V_{REF}}{2R} \times D_3 + \frac{V_{REF}}{4R} \times D_2 + \frac{V_{REF}}{8R} \times D_1 + \frac{V_{REF}}{16R} \times D_0$$

$$= \frac{V_{REF}}{16R}(2^3 \times D_3 + 2^2 \times D_2 + 2^1 \times D_1 + 2^0 \times D_0)$$

根据反相比例运算公式可得

$$V_O = -\frac{V_{REF} \times R_F}{16R}(2^3 \times D_3 + 2^2 \times D_2 + 2^1 \times D_1 + 2^0 \times D_0) \tag{15-5}$$

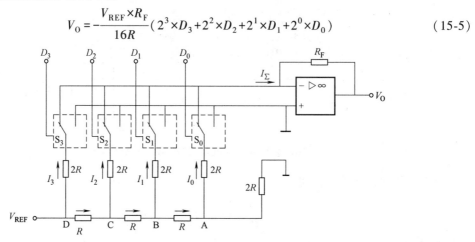

图 15-3　4 位 R-$2R$ 倒 T 形电阻网络 DAC 结构

输出模拟电压的大小也直接与输入二进制数的大小成正比，从而实现模拟量到数字量的转换。R-$2R$ 倒 T 形电阻网络 DAC 是工作速度较快、应用较多的一种 DAC。

15.1.3　集成数-模转换器 DAC0832

DAC0832 引脚排列如图 15-4 所示，它是一个 8 位数-模转换器，即在对其输入 8 位数字量后，通过外接的运算放大器，可以获得相应的模拟电压值。

DAC0832 的分辨率为 8 位，转换时间为 1μs，满量程误差为 ±1LSB，参考电压为 +10 ~ -10V，供电电源为 5 ~ 15V，逻辑电平输入与 TTL 兼容。

DAC0832 内部结构如图 15-5 所示。它包含两个数字寄存器：8 位输入寄存器（1）和 8 位 DAC 寄存器（2）。两个寄存器可以同时保存两组数据。可以先将 8 位输入数据保存到输入寄存器中，当需要转换时，再将此数据由输入寄存器送到 DAC 寄存器中锁存，并送至 DAC 转换器输出。当 ILE 为高电平、$\overline{CS}$ 和 $\overline{WR1}$ 为低电平时，输入寄存器（1）的输出随输入而变化。当 $\overline{XFER}$ 和 $\overline{WR2}$ 同时为低电平时，DAC 寄存器（2）的输出随输入而变化。

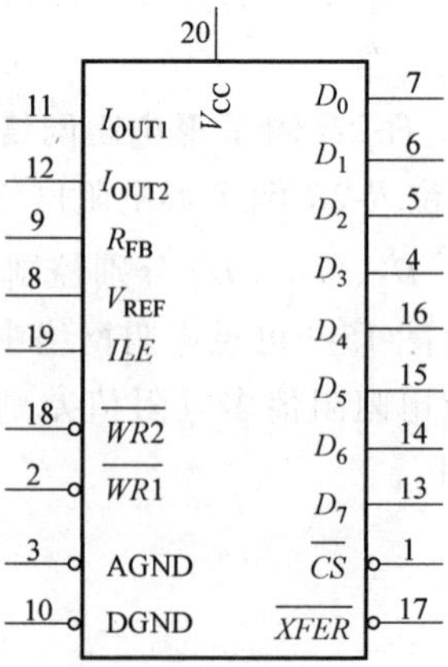

图 15-4　DAC0832 引脚排列

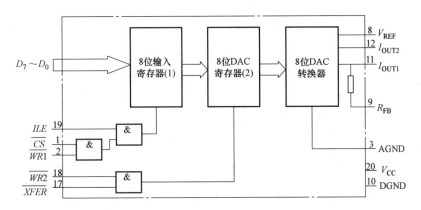

图 15-5　DAC0832 内部结构

DAC0832 各引脚的功能定义如下：

$D_7 \sim D_0$：8 位数据输入端。

I_{OUT1}：模拟电流输出端 1。当 DAC 寄存器（2）中数据全为 1 时，输出电流最大；当 DAC 寄存器（2）中数据全为 0 时，输出电流为 0。

I_{OUT2}：模拟电流输出端 2。$I_{OUT1} + I_{OUT2} =$ 常数。

R_{FB}：反馈电阻引入端。DAC0832 内部已经有反馈电阻，所以 R_{FB} 端可以直接接到外部运算放大器的输出端，这样相当于将一个反馈电阻接在运算放大器的输出端和输入端之间。

V_{REF}：参考电压输入端。此端可接一个正电压，也可接一个负电压，范围为 +10～-10V。

V_{CC}：芯片供电电压，范围为 5～15V。

AGND：模拟地。

DGND：数字地。

DAC0832 有直通型、单缓冲型和三缓冲型三种工作方式。

实践活动

利用数字电路装置实现数字量到模拟量的转换。

15.2　模-数转换器（ADC）

话题引入

用数字仪表测量有关参数时，采集的参数往往都是模拟量（如温度、电压等），因此需要用模-数转换器（ADC）将模拟量转化为数字量，利用微控制器将最终测量结果显示在液晶屏上。

15.2.1 ADC 的基本概念和转换原理

ADC 是将模拟电压（或电流）转换为数字量的电路。模-数转换广泛应用于计算机实时控制系统中。

模-数转换一般要分<u>采样</u>、<u>保持</u>、<u>量化</u>、<u>编码</u>四步进行。采样过程是按一定的时间间隔对模拟量抽取一个样值。将采样值转换为相应的数字量需要一定的时间，为了保证在转换的过程中，所采的样值没有变化，就必须要将样值保持到下一个采样脉冲到来的时候，这个过程就是<u>保持</u>的过程。在样值保持的这段时间内，将取样值变成离散的量值，就是<u>量化</u>过程。量化后的离散量值转换成数字量，就是<u>编码</u>过程。经过采样、保持、量化和编码后就可以将在时间上和量值上是连续的模拟信号变为在时间和量值上都是离散的数字信号，并将其对应的数字量输出。

1. 采样-保持电路

采样-保持电路的基本原理如图 15-6 所示。模拟电子开关 S 在采样脉冲 f_s 的控制下重复接通、断开的过程。当 S 接通时，$u_i(t)$ 对 C_H 充电，此为采样过程；当 S 断开时，C_H 上的电压保持不变，此为保持过程。在保持过程中，采样的模拟电压经数字化编码电路转换成一组 n 位的二进制数输出。

采样-保持电路最主要的作用是将连续的模拟信号离散化，即在采样脉冲的控制下完成对输入模拟量的定时采样。

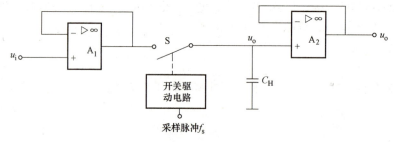

图 15-6 采样-保持电路原理

2. 量化-编码电路

经过采样-保持电路后得到的取样电压值仍然是模拟量，这时就需要对其进行量化、编码。数字量的大小一定是某个最小数量单位的整数倍。将取样电压化为这个最小单位的整数倍的过程称为量化。所取的最小数量单位叫作量化单位，用 Δ 表示，数字信号最低有效位（LSB）的 1 所代表的数量大小就等于 Δ。把量化的结果用代码（二进制或其他进制等）表示出来，称为编码。这个编码值就是 ADC 的输出结果。

3. ADC 的主要技术指标

【分辨率】它是指转换器能分辨最小的量化信号的能力。通常用输出二进制数码的位数来表示，位数越多，量化单位越小，对输入信号的分辨能力就越高。理论上讲 n 位输出的 ADC 能区分 2^n 个不同等级的输入模拟电压，能确定输入电压的最小值为满量程输入的 $1/2^n$。如分辨率为 10 位，则表示该 ADC 对输入满量程的 $1/2^{10}=1/1024$ 的输入电压的变化都能做出反应。

【转换误差】 它是指转换后所得结果相较于实际值的准确程度。在零点和满度都校准以后，在整个转换范围内，分别测量各个数字量所对应的模拟输入电压实测范围与理论之间的偏差，取其中的最大偏差作为转换误差的指标。通常以相对误差的形式出现，并以 LSB 为单位。

【转换速度】 转换速度可用完成一次模-数转换需要的时间来衡量，从接到转换控制信号开始，到输出端得到稳定的数字输出信号所经过的时间称为转换时间。常用转换时间或转换速率（转换时间的倒数）来描述转换速度。ADC 的转换速度主要取决于转换电路的类型，并行比较型 ADC 的转换速度最高（转换时间小于 50ns），逐次比较型 ADC 的转换速度居中（转换时间一般为 10~100μs），双积分型 ADC 的转换速度最低（转换时间在几十毫秒到数百毫秒之间）。

除这些技术指标外，还有量化误差、偏移误差、满刻度误差、线性度等，这些都是选择 ADC 的依据。

15.2.2 模-数转换方法

1. 并行比较型 ADC

并行比较型 ADC 结构框图如图 15-7 所示。转换器由 2^n-1 个比较器、2^n-1 位寄存器、优先编码器及能产生 2^n-1 个基准电压的 2^n 个精密电阻组成。输入模拟电压 u_i 与各比较器参考电平比较，产生的 2^n-1 位二进制码，通过寄存器寄存，并被译码成 n 位二进制数（$D_{n-1} \sim D_0$），从而完成模拟信号的数字信号的转换。这种转换器适用于高度、精度较低的场合。

2. 逐次比较型 ADC

逐次比较型 ADC 如图 15-8 所示，和计数型 ADC 都属于反馈比较型 ADC。逐次比较型 ADC 是在计数型 ADC 的基础上用寄存器和控制逻辑电路取代计数器而成。逐次比较型用最快的方法逼近输入模拟量，而计数型则用计数器递增方式比较模拟量。

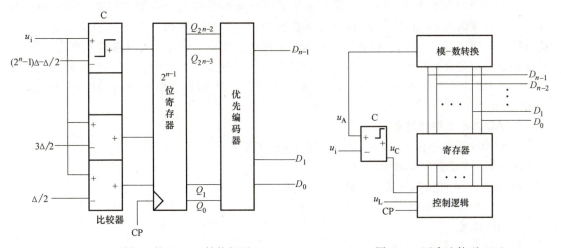

图 15-7 并行比较型 ADC 结构框图　　图 15-8 逐次比较型 ADC

逐次比较型 ADC 开始转换时计数器最高位为 1，ADC 的输出电压 $u_A = u_{A\max}/2$ 与输入电压 u_i 进行比较；若 u_A 大于 u_i，则下一个 CP 脉冲后，计数器高位为 0，本位为 1；若 u_A 小于 u_i，则 CP 脉冲来到后，计数器高位保持而本位为 1，也即第二个 CP 后 $u_A = u_{A\max}/4$；依次类推，最终计数器各位数值被逐一确定。确定 n 位计数器各位数值至少需要 n 个时钟周期（T_{CP}），一般一次转换需要 $n+2$ 个 CP 脉冲。

3. 双积分型 ADC

双积分型 ADC 的基本原理框图如图 15-9 所示。它对输入模拟电压和基准电压进行两次积分，先对输入模拟电压 u_i 在 T_1 时间内进行定时积分，再对基准电压 $-V_{REF}$ 进行定斜积分并利用计数器记录反向积分的时间 T_2。

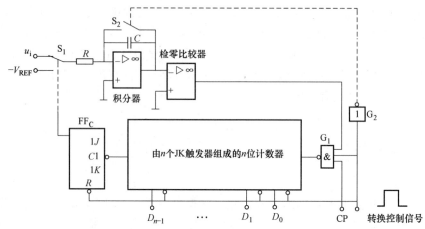

图 15-9 双积分型 ADC 的基本原理框图

由于 T_1 和 V_{REF} 为确定值，故输入模拟电压 u_i 和计数器的计数值 T_2 成正比，从而完成了模拟信号到数字量的转换。

15.2.3 集成模-数转换器 ADC0809

1. ADC0809 电路结构

ADC0809 是带有 8 位 ADC、8 路多路开关以及与微处理器兼容的控制逻辑的 CMOS 组件。它是逐次逼近式 ADC，可以和单片机直接接口。ADC0809 由一个 8 路模拟开关、一个地址锁存与译码器、一个 ADC 和一个三态输出锁存器组成。多路开关可选通 8 个模拟通道，允许 8 路模拟量分时输入，共用 ADC 进行转换。三态输出锁存器用于锁存模-数转换完的数字量，当 OE 端为高电平时，才可以从三态输出锁存器取走转换完的数据。ADC0809 结构如图 15-10 所示。

2. ADC0809 引脚功能

ADC0809 引脚如图 15-11 所示，各引脚功能如下：

$D_7 \sim D_0$：8 位数字量输出引脚。

$IN_0 \sim IN_7$：8 位模拟量输入引脚。

V_{CC}：+5V 工作电压。

GND：接地。

$V_{REF(+)}$：参考电压正端。

$V_{REF(-)}$：参考电压负端。

ST：模-数转换启动信号输入端，正脉冲有效。

ALE：地址锁存允许信号输入端，高电平有效。

EOC：转换结束信号输出引脚，开始转换时为低电平，当转换结束时为高电平。

OE：输出允许控制端，用以打开三态数据输出锁存器。OE = 1 时，打开输出锁存器的三态门，将数据送出。

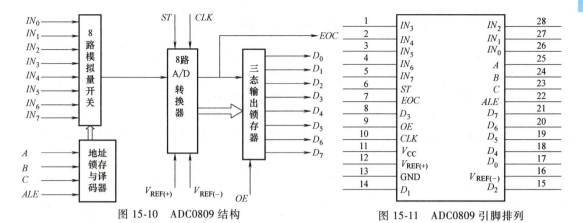

图 15-10 ADC0809 结构　　　　　图 15-11 ADC0809 引脚排列

CLK：时钟信号输入端（一般为 500kHz）。

A、B、C：地址输入线。

思考与练习

15-1　DAC 的作用是将 _____ 量转换成 _____ 量。ADC 的作用是将 _____ 量转换成 _____ 量。

15-2　在模-数转换过程中，只能在一系列选定的瞬间对输入模拟量____后再转换为输出的数字量，通过_____、_____、_____和_____四个步骤完成。

15-3　ADC 的转换精度取决于（　　）。

A. 分辨率　　　B. 转换速度　　　C. 分辨率和转换速度

15-4　对于 n 位 DAC 的分辨率来说，可表示为（　　）。

A. $\dfrac{1}{2^n}$　　　B. $\dfrac{1}{2^{n-1}}$　　　C. $\dfrac{1}{2^n-1}$

15-5　采样保持电路中，采样信号的频率 f_s 和原信号中最高频率成分 f_{imax} 之间的关系是必须满足（　　）。

A. $f_s \geq 2f_{imax}$　　　B. $f_s < f_{imax}$　　　C. $f_s = f_{imax}$

15-6　图 15-12 所示电路中 $R = 8\text{k}\Omega$，$R_F = 1\text{k}\Omega$，$U_R = -10\text{V}$，试求：

（1）在输入 4 位二进制数 $D = 1001$ 时，网络输出 $u_o = ?$

（2）若 $u_o = 1.25\text{V}$，则可以判断输入的 4 位二进制数 $D = ?$

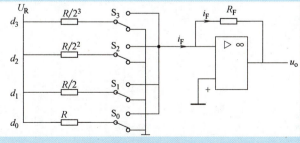

图 15-12　题 15-6 图

参 考 文 献

［1］ 杨翠平. 电工电子技术［M］. 北京：机械工业出版社，2007.
［2］ 郑亚红. 电工电子技术［M］. 2版. 北京：机械工业出版社，2018.
［3］ 李国成，刘振强. 电工电子技术［M］. 北京：机械工业出版社，2011.
［4］ 刘华波，李咏莎. 电工基础［M］. 北京：人民邮电出版社，2008.
［5］ 人力资源和社会保障部教材办公室. 电工基础［M］. 5版. 北京：中国劳动社会保障出版社，2014.
［6］ 全安. 电工电子技术及应用［M］. 北京：机械工业出版社，2012.
［7］ 曾令琴. 电工电子技术［M］. 3版. 北京：人民邮电出版社，2012.